SOLO
一個人工作聖經

「宅工作」完全指南！

在家上班、SOHO族、自由工作者、斜槓青年必讀！

蕾貝嘉・西爾——著 陳芙陽——譯

Rebecca Seal

【推薦序】

學會當自己的老闆，才能享受選擇的自由

自由作家／**劉揚銘**

這本書是寫給自由工作者的職涯解惑工具書，感謝它非常實用。

獨自工作的人都經歷過，明明離開受雇身分、總算擺脫老闆指揮，如今卻每個案子都受人擺布，好像把一個老闆「解壓縮」成更多老闆使喚自己，毫無獨立之感。名為自由工作，卻容易為金錢焦慮，擔心收入而不敢拒絕案子，接太多工作又害怕做不完，從前在公司是被迫加班，如今卻自己選擇過量工作，嘗不到自由滋味。想當初，懷抱理想生活而離開穩定工作，追求獨立自主，卻還是感到迷惘、抓不到確定的未來……

好險我們有了這本書。作者蕾貝嘉．西爾（Rebecca Seal）是英國人，身兼記者、編輯、電視節目主持人，也是知名美食作家，她和先生兩人都自由工作（先生是攝影師），與孩子一起住在倫敦。即使在旁人眼裡蕾貝嘉很成功，但自由工作十年經驗的她，始終

有和你我一樣的困頓，她試圖搜尋工具書來解決困難，卻始終找不到合適的解答，於是自己寫了《SOLO一個人工作聖經》，幫助工作者了解自己需要什麼、想成為怎樣的人，設法打造符合個性的理想生活，而不是苦撐著、努力去做那些感覺不對勁的事。

我們都在離職後才知道，要先學會當自己的老闆，才能享受選擇的自由。自由工作有優點也有缺點，而克服缺點、享受優點，需要不少學習的過程。

自由工作的優點，是比受雇者擁有更多選擇和自主。能選擇怎麼工作、何時開始與結束工作，能選擇工作地點甚至合作對象，不但擺脫通勤之苦，工作滿意度還比受雇者高出百分之十（即使在收入較低的情況下也是）。自由工作者有百分之七十五不想回去當上班族，雖然憂慮與壓力較高，但也更樂觀、更能學新事物，此外，有超過百分之四十一的人改善了工作與生活的平衡。

而自由工作的缺點，是容易缺乏規畫導致生活一片混亂。比如該怎麼進行工作？每天應該工作幾小時、何時才能休息（案主可不會等你有空才上門）。即使現在能維持生活，但未來職涯該往哪裡走？自由工作者每個人型態不同，沒有前例、沒有同事和上司，因此時常無人可求助，面對財務壓力、工時失控、對抗焦慮與失敗感，都需要解惑。

這本書分三大部分、十八章彙整自由工作的疑難雜症。如果打破章節重新綜合，可看出本書討論範圍幾乎涵蓋每個對工作疑惑的角落，包括：

- 從工作到休息——解決超時、過勞、如何設定界線、適當休息、保持心態穩定；
- 找尋工作意義——熱情存在嗎？必要嗎？工作意義又從何而來，面對成功與失敗；
- 如何看待金錢——包含心理層面與實質上，以及對待金錢與時間的交換關係；
- 處理人際關係——孤獨、寂寞、社群媒體帶來的比較心理與傷害，當然還有人脈；
- 工作以外的生活規畫——人生不是、也不該只有工作。

辭職後獨立工作九年的我，讀本書時有不少地方扼腕為何沒有早點看到！例如書中提到，研究證實超時工作有害健康、損害思考能力，每週工作四十八小時以上和睡眠失調有明顯關係。高工時不等於高生產力，人類最有效率的工時，大約是每週十到二十小時（十小時，不是錯字！）。再怎麼天才的人，每天也很難專注四小時以上。感覺時間充裕的人，生活幸福感最高，也因此，學會用錢來換時間「或」選擇減少收入以獲得更多自由時間，都是讓人生感覺更好的方法。

曾因過勞損害健康，只能黯然離職的我，也從書中了解為何我們總是自願過勞。勤奮工作才符合道德的心理、在人際展演與競爭中想取勝的心態、追求更多金錢的渴望，是動力，也可能是幸福生活的糖衣毒藥，不可不慎。

在找尋工作意義上，作者蕾貝嘉雖然是知名美食作家、出版好幾本暢銷食譜，但她卻老實承認自己對美食寫作沒有熱情（竟然！）。熱情或許是迷思，工作意義可來自追求專精、來自於感到與他人連結，而且意義因人而異，可以自己思考形塑，了解這點對我影響重大。

如果工作意義人人不同，那麼看待成功與失敗也很重要。第六章花了大篇幅討論獨自工作者面臨不確定性，如何從各種工作挫折中復原（包括工作以外的休息、與工作之中的找尋節奏），甚至如何面對失敗、接受失敗、學習找人協助。淡化自己和工作的聯繫，「你不是你的工作」，所以不需要把個人價值「只」建立在工作成就上，找到更大的認同，找到支持的人際網絡。這些建議，讓正在經歷生涯低潮的我，真有解惑之感。

而第十六、十七章分別從心理與實質層面探討金錢，更是我翻閱的第一個部分。對工作者來說，金錢至關重要；然而如何找到樂趣、意義這些內在動機來「預防」追求收入與地位的外在動機占據太多頭腦，也很重要。作者說，試著休息一下，不考慮金錢，不要執迷於成功，試著少一點甚至停下工作，把重心從工作移開，有效率地、快樂地，做點自己喜歡的事情，然後你會發現，工作會更有成果。

人生絕對不是只有工作，所以最後，想想自己不工作的時候要幹嘛，可能才是創造理想的生活最重要的課題。工作之外的人生，也該花時間好好計畫，畢竟我們不只是工作的老闆，也應該是自己人生的主宰。

CONTENTS

自序

我是在新冠病毒的危機期間寫下這些文字，現在要斷定這次疫情對世界有何長遠影響還太早，但我很確定其中必定有一點：這將改變我們的工作方式。儘管困難重重，人們迄今已進行了好幾個月的遠端或彈性工作，已不能說這樣的工作形態難以想像。如果不能說有數十億人，那也是有數百萬、數千萬的人首次嘗試了獨自工作。有些人會愛上它，有些人有所掙扎，許多人是兩者兼具，還有其他人則是失業，開始獨自從事新工作。

早在大多數人還不知道新冠病毒之前，我就已經展開這本書的方案；而現在，面對眼前這項危機，我希望它將比我所曾經想像的更加有用。因為，這本書始終是要獻給獨自工作者，不管他們的工作時間是一天幾小時待在臥室角落，還是一星期有一天待在共享辦公室租借來的書桌，或工作坊、工作室、廂型車、花園，抑或每一天隨時帶著筆記型電腦和手機到處工作。這本書和是否要成為一家有限公司、如何架設網站或是何時繳稅無關；而是我希望能夠協助你達到獨自工作的要求，運用心理學、經濟學、商業及社會科學的最佳與最新想法，來創造一種有彈性的新思維以適應獨自工作。

我希望幫助獨自工作族生活過得好，並且工作順利。

引言

為自己工作很美妙，成為獨自工作者是我做過最棒的決定之一。為自己工作讓人有機會做任何夢想多時的事情，並且可以選擇工作的方式、時間和地點。為自己工作表示不會有扼殺你偉大想法的老闆；而且比起待在同一家老公司、跟同樣的老團隊並使用日復一日的老方法，為自己工作也更有創造力、更具自我導向，並且可能更有意義。

為自己工作也很嚇人，需要疏浚你的靈魂來挖掘出自立、勇敢、樂觀、希望、耐心和毅力的泉井。為自己工作也乏味單調、辛苦，並且令人緊張焦慮。為自己工作意指隨時工作，隨時待命，隨時確認電子郵件。為自己工作表示有數十個老闆，他們全自認是你的首要任務。為自己工作意味要在週末工作、假日工作，甚至是抱病工作。為自己工作很寂寞，為自己工作非常非常困難。

這些全都屬實，而且經常是同時並存。經過六年的《觀察家報》記者生涯後，我加入獨自工作族，至今已十一年。上述情況我都曾經做過也感受過，也曾經興高采烈、絕望、沮喪、自信、困惑、火爆、害怕、精疲力竭、驕傲……並且百分之百下定決心永遠不再回辦公室工作。

過了五年的自由工作者生活，我來到一個感覺像是可怕僵局的地步。我毫無止歇地一直在工作，經常寫文章、寫書到晚上八、九點，如果有工作活動甚至還會到更晚。每逢星期天，我會在清晨六點起床，前往北倫敦的電視攝影棚，現身在一個直播早餐節目，一年只休息四週，也因此，我已有好多年沒有度假。節目結束後，我總是及時到家趕上延後的午餐，星期天下午重整旗鼓（呃，或者該說是喝掉分量有礙健康的酒），然後一到晚間就開始為下星期的整個行程做準備。歲月就在各個截止日的混沌狀態，以及在計程車後座為各種簡報進行（不足）準備之中，匆匆度過。

對於每個送上門來的工作，即使是我討厭的工作，我都感覺到一種答應的強烈需要；即使是酬勞微薄的工作，因為我急切想要建立穩固的地方，也害怕如果回絕，或是要求更公允的報酬，或是延長截止日，就會失去我寶貴的客戶。我想要所有客戶認為我總能準時且按照指示，履行他們的需求。

我賺到對自由作家來說，相當不錯的收入，但這種如倉鼠跑轉輪般的生活讓我不快樂。我疏忽了生活中所有美好事物：朋友很難見到我，家人覺得被忽略，而我和伴侶似乎一點都不快樂。跟我一樣，他也是從事自由業，是自己接案的攝影師。跟我一樣，他把時間盡可能花在工作上；為了讓客戶滿意，負荷到了極限。跟我一樣，他會在早餐餐桌上談工作；而晚上關燈時，我們還會繼續嘀咕工作的事。

有一天晚上，我們終於在當地一家夜店討論了這種情況。搭配漢堡和紅酒，我們訂立了計畫，也就是關於我們何時工作的一套規則，企盼能藉此稍微舒緩壓力：在早餐沒吃完前，不得工作或談論工作；晚間八點後不得工作，同樣也不得談論工作（如果真有必要，一星期可以打破這項規則一次）；週末不得工作（一個月可以打破這個規則一次，但唯有緊急狀況才適用）。

有一段時間，界定出我們得以工作和談論工作的時段真的很有用。而如同任何必須去托兒地點接小孩、必須照顧身體不好或年長親戚，或是定期背負不可動搖的責任的人，都將同樣了解到：工作時間固定且有限度，工作效率越高。相反地，如同任何獨自在家工作的人都會經歷到的，當白天工作可以輕易轉為晚間工作，而且沒有特別的事情能夠停下它，就會很難全力以赴和專注。（我後來發現，實施工作日的起點和終點，無論是實際上的還是自我隨意訂立的，都是生產力文獻中非常流行的主題。對這個做法，我現在是快樂地上癮了。）

只是，時間一久，這些規則顯然不夠，儘管它們確實阻止了我們工作，卻不能阻擋我獨處或深夜時，默默思考工作、再三思量工作。理論上，我喜愛我的工作，而表面上，我也實現了自由工作者的夢想，但我卻越來越難在自己做的事情上找到樂趣，有時這讓我自覺不知好歹，坦白說，就像是上當了。我努力了好久又好辛苦才有這樣的成就，那為何感覺如此悲慘？為何我擁有著我應該熱愛的工作，但我卻沒有陶醉在這個事實之中呢？為何我沒辦法抽空休息？為何手機老是在手中或口袋裡呢？為何每天早上下床前我得先檢查電子郵件呢？我到底怎麼了？為何我無法對於一個可說是真正的美好生活感到快樂呢？

而同時，我有幾個朋友也決定嘗試獨自工作。有些是主動選擇獨自工作，有些是被裁員，還有些是轉換職業，但因為想做的事只能採取獨自工作，即使他們可能比較想要有固定的薪水。在目前的就業市場，如果想要成為私人教練、園藝師、私人廚師或作家，是幾乎不可能找到長期工作。我有個律師朋友因為無法看著自己的工作生涯只能在殘酷激烈競爭中的大型法律事務所度過，便開設了一家法律諮詢公司。而我的大學友人璐霧發現，她唯一能夠掌控自己的資深救援生涯的方式是，離開原本加入的國際慈善機構，成為顧問以協助非政府組織迅速應對人道主義的災難。還有一個成功的行銷經理經過重新培訓成了彩妝大師。我以前的報社同事成了小說家或廣告文案寫手，還有人完全放棄寫作，改開海邊民宿。

儘管我們了解對大部分的人來說，獨自工作仍比傳統受雇好，但有時在彼此討論的時候卻還是會不免提到，這樣的工作方式經常會讓我們覺得好困難，也常感覺好疏離。我們想要知道，當沒有人打考績時，要如何評估自己的職業生涯；我們努力了解，當我們不知道嶄新的職業道路應該呈現什麼模樣時，除了確認銀行帳戶收益外，還能怎麼確認自己是否仍在應有的地方。

我不停找尋答案。如何應對獨自工作的各種怪現象，似乎是很常見的問題，所以我確信已有人對此深入探討，撰寫過輔導書籍。但是，我錯了。我喜歡生活妙方，原以為知道可以在哪裡找到獨自工作者所需要的妙方。不過，我找不到任何書甚至文章，可以解答我確切的疑問。有數十本解決獨自工作某些問題的書，像是如何管理時間，如何追討欠款的客戶，如何運用社群媒體……以及數以百計關於如何快樂、如何成功及如何留意工作的書籍，卻沒有透過對我至關重要的層面，來看待一切的書。

在這所有內容，以及出自傑出學者手筆，卻發表在晦澀或難以入手的學術期刊上的文章中，埋藏著創造獨自工作全新思維的材料。但是，這對我們大部分的人是隱藏難見，這對獨自工作族來說是一件遺憾的事。因此，我產生了這個想法：我是新聞記者，或許我最大的本領是在蒐集和綜合分析資料，讓它變得簡單易懂可以駕馭。我要寫這本書。

現今，就在我寫書的時候，自營工作者的數目已來到最高峰，根據英國國家統計局的資料，自從二〇〇八年，英國的自營人數已增加近百分之二十五。英國就業人口中，百分之十五是自營者；而在二十五歲到四十九歲的工作人口中，自營者占了百分之十三。在倫敦，超過百分之十七的工作人口是自營者；其中，在西南及東南區域分別是十六．八及十六．二個百分點。在美國，現在有一千五百萬名自營工作者，而以各種程度被歸類為自由工作者的人更高達六千八百萬（美國勞工數據是出了名的難以確定）。FreshBooks 二〇一八年的研究預測，到了二〇二〇年還會有兩千七百萬人離開傳統受雇職場，改為自己工作，而這將占據美國工作人口的三成以上。澳洲約有百分之十七的工作人口是自營者，而歐盟最新數據是在二〇一六年，當時有三千三百萬人被歸類為自營工作者。

這表示有非常多的人是自己奮力解決這些問題。

這件事之所以重要，不只是因為在自營工作生涯掙扎的人可以更快樂，也因為在如何工作的問題上，我們面臨了一個重要的抉擇關頭。為了在現代這個相當不穩定的經濟體系中生存下來，我們需要一個富有生產力的勞力：我們需要能夠做出良好決定的人，擁有動機能夠好好工作到中年後半時期的人，以及不會被自己工作壓垮的人。除非我們可以協助獨自工作者達成這件事，否則他們和我們，將無法充分發揮潛力。

不過，答案是什麼呢？我們要如何獨自工作，茁壯發展，而不會感覺到像是快要無法掌控人生呢？有一個答案荒謬可笑的簡單（只是付諸實行時會比想像的還難），就是……不要。不要獨自工作，不要嘗試鑽研你自行選擇的職業或副業，不要整天一個人獨坐，不要盯著空白頁面、空白螢幕以及磚牆，我們並不適合缺乏指引的持續隱居，所以不要孤獨一人。

我並非建議大家應該放棄當自由工作者，然後回到日常辦公室的苦差事之中，但就算我如此建議，也是毫無意義，沒有人會聽從，因為許多分析師都預期，只要再過幾年，英國半數的勞動力都將是自由工作。半數！趨勢正在快速移動之中，所以掌握這件事才會如此至關重要。

事實情況是，大部分的獨自工作者並未思索他們工作的方式。如果你跟我一樣，或許你會為收入和開銷建立試算表（並且交叉手指祈求好運，但願兩者都有一些）。或者，你會買一張書桌。但很有可能，這就是你所做的一切了，之後，你就只會……工作。你可能跟我一樣，不曾想到支持的人脈網及情緒復原力。你可能沒有訂出五年或十年計畫，也沒有預先設想或設立目標。你並未思考工作場所的空間感（廚房桌子？樓梯下方的書桌？咖啡館？或是床上？）。你並未規劃工時或休息時間，你沒有制訂策略。就像我，你幾乎未曾做過任何有意識的選擇。沒有時間規劃、沒有空間，你就只是……工作。

大部分的獨自工作者並未認真思考過孤獨的衝擊，但是Epson EcoTank最近研究發現，百分之四十八的自營工作者發現獨自工作很寂寞，百分之四十八認為很孤立，而四分之一的人經歷過沮喪消沉。我們很容易會這麼想：「我獨自工作，所以在工作中就是孤獨的。」在撰寫這本書時，我已經了解相信自己是孤單的，是多麼有害且確實危險的想法。我真想在屋頂上大聲呼喊：你並不孤單。只是，感覺往往不是這樣。

為企業或組織工作時，會置身在早於我們來到前就已存在的架構。或是，如果你在草創時期加入一家企業，可能就是企業創始及運作方式的一部分，或至少見證了這一切。但是，詢問自己這件事：當你開始獨自作業，可曾想過要讓自己的事業運作，可能會需要怎樣的架構和流程？我沒有，我也不認識這麼做的獨自工作族。當你為自己工作，沒有人會寫合約給你，告訴你應該的工時、工作時間及地點。即使你連續好幾星期工作到深夜，也不會有人把你趕下書桌（英國國家統計局指出，英國自由工作者平均一星期工作四十小時，而受雇者是三十八小時）。沒有人提供免費的電話諮詢服務，或提醒你休假。當情況不順利時，也沒有可以發牢騷的午餐對象。沒有技術支援，沒有社群媒體管理人，沒有公司健身房，沒有星期五喝酒會，沒有任何現成的事。

不管你覺得直屬主管、績效考核、人事評定、衛生和安全訓練、難喝的咖啡、帶空調的醜陋庫房等事物有多可怕，不管光是想到辦公室生活就讓你想要奔向獨自工作的自由大道，但組織架構確實提供了某種安全網。狂熱的公司主管經常非常僵化地執行架構體系，使它變得令人窒息、難以對付或高壓嚴厲。只是，徹底反對架構卻是個錯誤。

因為這些架構、服務或流程創造了社群，即使這個社群會結合在一起，是出自以下種種共同看法，像是公司餐廳的食物有朝一日會害死大家，會計部門不知怎地被痛恨付款的人占領，或是誰都不准在辦公桌上壓碎整包薯片。（順帶一提，這也是我會加入的社群。）

當離開組織的工作，改為單飛發展時，極少有人會全盤考量如何創造自己的小型組織。無可否認，一開始要進行這件事很不容易，因為轉為自由工作者或展開新事業時，很難確切知道未來會怎麼做。不過，隨著日子過去，你要記住決定我們事業樣貌的人是我們自己，而對於生活樣貌更是如此。我們有責任要守護所屬團隊（也就是你）的福祉，就像如果你是具有前瞻性的大公司執行長所會做的那樣。

我提及架構，並不是說你需要複製許多組織用來束縛工作的手法。但這裡有一個似乎無關緊要的例子：居家工作，顯然不需要訂立服裝規定。如果你離開辦公室生活正是為了可以在接下來二十年穿著家居服工作，如果這確實真的帶給你快樂，那麼就這麼做吧。但如果你經常發現自己在下午三點鐘還未梳洗，衣著隨便，因為你就是恐慌地滾下床，直接投入電子郵件；如果那樣讓你感覺邋遢、內疚，或是極度悲慘，那麼就需要對你的日子多加入一些形式。不管我們是否了解，身為獨自工作族，我們在工作日所做的一切都是一種選擇，不管這個選擇是否積極且經過深思熟慮，而這些選擇創造了我們工作的框架，以及對工作的感受。我們的選擇對我們的身心健康及事業的健全，具有深遠影響。

除了你自己，沒有人可以做這些選擇。我不在乎你是否盛裝，重點是，你擁有盛裝的選擇（每個工作日都還有數十個其他選擇），而且都歸你做決定。如果我們要在這種真的很奇怪的獨自工作新方式中生存下來，那麼就需要知道什麼時候要做選擇，除了我們認為自己知道的之外，還有什麼其他選項，以及如何選擇對我們有益的事物。

我們要怎麼做這些選擇？我的計畫，也是我的希望，是讓你相信它們是重要的，讓你能夠做出適合你、適合你的生活及所從事工作的好選擇。只要可能，我就會運用數據，或是各領域的學術界專家、行家來做為後盾。

你絕對應該精選本書最適合你及你生活的部分，如果說我在為這本書採訪數十人中學到一件事，那就是每一個獨自工作者都需要設計自己的情況，然後不斷調整改進。進行這件事的最佳方式是什麼呢？你必須真的非常了解自己，你需要什麼、想要什麼以及自己是怎樣的人，因為這樣你就能根據自己的個性打造工作生活，而不是衝撞著始終感覺不對勁的事。真正茁壯成長的獨自工作族是最勇於改變的人，同時針對工作方式、地點或時間的靈活度最高，或至少，他們知道自己是怎樣的人，需要什麼才能管理自己。

*

我們也需要對抗自己和他人的錯覺，這包括以為自己是全然孤獨，但其實我們是工作關係複雜網絡的一部分；以為其他每一個獨自工作者都是完全靠自己闖出名堂，但事實上他們也都是無形模糊團隊的一部分；以為被要求時，我們都應該無窮無盡地彈性配合。在感覺像是無法應付獨自工作的時刻，很容易覺得我們似乎是唯一會這麼想的人，但這也不是真的，而我們越是能夠協助彼此看清楚這一點，這些時刻就越是不會讓人難受。

你做的選擇對你和所從事的特定工作都是獨一無二的，對於獨自工作者沒有一體適用的選擇（只除了完全孤獨是幾乎無人適用），這也就是為何這本書充滿過來人的想法和建議，以及關於工作中和工作以外，我們大腦和身體行為具有說服力的科學。我會運用我自己的生活、弱點、錯誤轉折及習性來說明獨自工作是怎樣影響我們，但同樣地，我也非常清楚我的做法並非唯一的方式。我想要的不是你們認同我，我只想讓大家獨立思考怎樣才適合自己。

＊

我想我們全都認同人類不是為辦公室生活所打造，我們不是設計用來在陰暗房間、在人工照明底下的辦公桌前連續坐上好幾小時。（如果你已經發現獨自工作不需要如此，那就太棒了。）本書將嘗試告訴大家，我們可以駕馭有時候工作就是不順利的事實。

此外，我不是要告訴你如何賺一百萬；甚至也不是要說服你加入獨自工作族，如果你是傳統的受雇員工，並且樂在其中，那非常棒。我不是要鼓勵你急急忙忙地轉身離開全職工作；也不是要提升你的業務、創造銷售，或讓今年變成你有生以來最賺錢的一年；也不是要告訴你可以成為在峇里島海灘工作的億萬富翁。書中所提到的事，有許多只是被現今職場排除或忘懷的常識。健康、優化和自我提升等字眼讓我感覺有點不舒服。我知道這有種奇怪的矛盾，這是一本關於改變的書，但我不想要你認為我可以或應該改變你！我不想要你迷戀你的生產力，或是把你變成完全不同的人。我會談論許多關於生產力的事，但不是因為我想把你變成工作狂，一天二十四小時把你束縛在書桌、工作檯、畫架和方向盤上。我想要我們大家都能夠有效率地工作，甚至是快樂地工作，就只是這樣而已。事實上，我可能還覺得你的工作應該少一點。停下工作，試著不要考慮金錢，不要沉迷於成功，休息一下，做一些你喜歡的事，把工作稍稍移離生活的正中心。

矛盾的是，你的工作幾乎一定會更有成果（儘管這不是我的主要目的），也對工作的感覺更好。

你準備好了嗎？

Part 1

如何工作

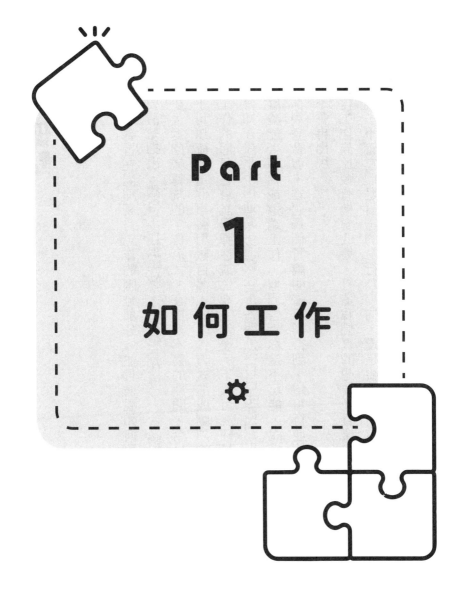

第1章 優點

既然本書旨在處理獨自工作的困難部分，並且檢視如何解決和超越它們的方法，我首先想要清楚指出，獨自工作很美妙；這也是為什麼，一旦給予獨自或彈性工作的機會，會這麼少人返回較傳統的工作形式。在撰寫本書的期間，全世界都在應付新冠病毒的影響，幾乎可以確定這件事將對數百萬人的工作方式造成劇烈的改變。因為疫情封城而被迫居家工作的雇員在嘗試過彈性或遠端工作後，不太可能輕易回到傳統的辦公室體制；他們已得知在幾乎不用通勤，並較往常更能掌控自己生活的情況下，自己能實現多少事。和老闆談論能否彈性或遠端工作，他們告訴你這不可能，說是沒有相關的技術，或是團隊需要你親身參與。經過幾個月證明這可辦得到、這可行並符合經濟效益之後，這樣的對話就不會再出現。

獨自工作族比較有機會改變，打造我們真的想要並且樂在其中的生活方式，而隨著問題出現，不管它們是實際的、行為上的，還是視狀況而定的，我們都可以解決。我們都可以轉向傳統工作者所無法採取的方式，而不管是否意識到，但我們全都擁有可以憑藉的復原力及勇氣深井。

我們也有機會做自己，如同經營年輕時尚創意輔導平臺「Pepper Your Talk」的荻歐·貝迪亞哥對我說的一樣。「我每一天去工作，都是在做自己。」她說：「不管我是在創作內容、主持活動或錄製Podcast、協助女孩們書寫履歷時，我都只是在做自己。我用不著當別人；我用不著假裝。我可以每天都把自己帶進工作。這是我的聲音，是我的言談舉止；這就是我。」

我採訪過的所有獨自工作者都熱愛他們的工作，以及工作的方式。這本書是關於如何處理獨自工作的生活，所以焦點或許稍微偏向他們較為艱難的時刻。但是，這些都不會改變他們做的事。我在《星期日標準報》專題部門實習時，認識了艾歷斯·漢納弗德，當時他十九歲，也是年輕作家。他現在住在德州，擁有一個關於真實犯罪的得獎Podcast，同時是專題寫作的自由國際作家：他對於自己從事的工作具有無限的熱情（之後會再多說）。即使透過電話，我都聽得出他仍舊不敢相信自己居然能夠從事現在的工作。

基本上，這是一本積極正面的書。每一個獨自工作者都可以擁有一個滿意、充實，甚至是歡樂的工作生活。

最好的事

自營者比受雇者對工作的滿意度高出百分之十，即使收入較低的職業也一樣（這裡的數據大部分是針對自營工作者，但我想我們可以推斷這適用於大部分的獨自工作者。）

雖然零工經濟往往被描述成盡是 Deliveroo（戶戶送）外送員及 Uber 司機，但事實上它還是有細微差異，因為許多自由業及獨自工作者是混合從事零工（重複執行的相同或類似差事）和接案工作。不過，這並未確實說明獨自工作族的工作是多麼形形色色及有趣，多少是知識性的工作，也沒有說出獨自工作族有時會占據極高的公司位階。例如說，大型銀行會聘請自由工作者的資深經理人，尤其是在基礎設施或變革管理的專案上，他們可以獲得非常好的酬勞。而資訊業的個人約聘者可能在區域鏈、電子商務或雲端運算領域工作。

其他自由工作的專業包括機械工程、品牌策略、投標承擔、建築，甚至是飲食和營養管理。因為許多這類型的工作現在透過如 UpWork 等全球零工工作平臺的專家遠端展開，較年輕、較缺乏經驗但技藝高超的獨自工作者，就有機會從事如果置身機構內部可能永遠無法接觸到的案子。通常，這類工作的報酬也相對較高（而且在有些國家也比較可以節稅）。

自由工作者的酬勞性別差距也較不明顯，據估計差距只在百分之三左右，不算完美，但比起其他許多領域的百分之十到二十，則是好多了。

個人工作不只對從事這樣工作的人有好處，同時也對廣大經濟有益。高技術的自由工作者每年對英國經濟貢獻了一千四百億到一千四百五十億英鎊。美國 UpWork 調查估計，自由業收入占美國GDP百分之五……將近一兆美元。

幾乎四分之三的自營工作者不想進入或返回傳統的受雇工作。（這甚至適用於並未選擇獨自工作，但迫於各自形勢不得不如此的人。）

不受舊式職涯升遷束縛是一種解脫。離開組織的框架，要怎麼進行你的職業都可以，不管是想跳出個人領域，在另一個領域運用目前技能，或是略過不想參與的傳統升遷，徹底改變工作。或是像我一樣，你可以經年累月保持同樣的工作頭銜，但在其中進行眾多不同的事情。

你可以比許多工作人士有更多假期，如果你還沒有，等看完這本書後，我希望你會感覺大可以這麼做。大約百分之九十的自營者對於其日常工作及如何進行工作，覺得有一些甚至是極大的掌控；百分之九十二認為自己可以選擇何時開始及結束工作的一天。

美國蓋洛普調查顯示，創業者雖然比受雇者有百分之二較為憂慮及有壓力，卻較為樂觀，同時比較可能享受工作及知道學習新事物。

百分之五十五的自營者表示，遠端工作讓他們擁有極大的彈性，百分之三十四指出，這讓他們更有生產力；百分之四十三認為這節省了他們的時間，並有百分之四十一證實這改善了他們工作和生活的平衡。（百分之九十七的遠端工作是在家裡進行。）

大部分的自營者不是創業人士，而是剛好比較喜歡獨自從事目前工作的個人。所以，用不著發明 App 或找尋創投業者（除非你想要）。

許多獨自工作者可以選擇工作的地點，從咖啡館到共享工作空間、圖書館，甚至家中的小小角落，我們可以根據自己的喜好量身打造工作的地方。（第十章將更深入探討。）不再是燈管照明、平淡小隔間，以及了無生氣的灰色辦公室。

你或許也可以選擇想要一起工作的人，不只是客戶，還有同事。獨自工作者很少完全獨自工作，對於要跟誰一起坐上一整天（如真有這種情況），自由工作者比許多受雇者擁有更多選擇。

許多獨自工作者擺脫了日常通勤，目前英國上班族平均通勤時間是一小時（在倫敦是七十四分鐘），美國是五十四分鐘（華盛頓特區是六十八分鐘）。在英國，這樣的愉快旅程一天平均花費全職工作者一千七百五十二英鎊。儘管獨自工作族有時必須搭車去工作，但這樣的車資大多可以申報做為免稅的開銷，不像受雇者通勤費用的功能簡直像是減薪。

理論上，或者說是事實上，你擁有更多的選擇：像是穿著、飲食、用餐時間、一起工作的人、工作內容，以及工作的時間和地點。這些選擇即使藏身隱蔽，但始終存在。有時這些選擇讓人不知所措，但在本書的協助下，沒有你應付不了的事。

第2章 缺點

如果你現在的獨自工作狀況，感覺像是陷入了困境，別覺得難過。在這一切開始之前，可有人給你路線圖嗎？每一獨自工作者多多少少都是在黑暗中摸索行事。而且，我向你保證，我們每一個人都有過糟糕透頂的時刻。

從頭開始展開個人事業時，我們經常會非常擔心要拿到工作、保有工作，以至於忘記規劃我們想要（以及需要）的工作生涯。等過了一、兩年，我們終於抬頭喘息，往往會發現生活一片混亂，甚至是支離破碎。我們或許會累了，或許已忘記一開始決定這麼做的原因，或許最後做的事和原本計畫相去甚遠。我們或許工作得太投入、太漫長，放下工作的時間太少。我們或許沒有顧及身體狀況。我們或許太忙於工作，幾乎沒注意到個人事業所發展出來的體系已封閉我們，且運作情況似乎沒那麼良好。我們或許發現需要用到自己從未設想過的技能，卻又想不出可以求助的地方。

我想告訴你兩個故事好讓你放心，讓你知道這種充滿挑戰及令人困惑的時刻是正常且可以生存下去的。一個故事是在艱辛的初期，一個是在困難的中期。湯瑪斯·博洛頓是 Cubbitts 的創始人，這是一個結合十家鏡框和太陽眼鏡精品店的小型集團，商品漂亮酷潮，但又讓一般人買得起。儘管 Cubbitts 會進行眼睛檢查，但感覺又不能稱為配鏡師，因為其店面及銷售品項與傳統頗為狹隘的診所配鏡體驗相去甚遠，而這正是博洛頓想要顛覆的事，他二〇一三年在倫敦的國王十字區推出了第一家開創性分店。

他對我說：「真希望妳七年前就寫了這本書。」草創 Cubbitts 時，他是否覺得困難呢？「難以置信的困難，困難透頂。我不知道會這樣，根本沒想到也沒體認會這樣。創業需要非常投入，帶著計畫、使命、熱情諸如此類的事物開始，但因為從沒做過，就不知道什麼管用，什麼又行不通。在創立事業的最早階段是非常有壓力，但這同時又是最不了解狀況的時刻，這兩件事結合起來，就成了不確定和痛苦的匯流！應該工作多少小時？什麼時候應該工作？什麼時候應該休假？應該怎麼工作？平衡點是什麼？怎麼招募成員？」對博洛頓來說，拋開工作時間幾乎連想都無法想。「光是區分出我身為人類和這件事的交接處在哪裡，就非常非常困難。」他說。

結果是什麼？極為漫長的工作時間，毫無休息。「這是出自一種非得如此的認知感，事後看來，這並不必要，但專注在可以掌控的事物上，是一種人類天生的特質，而我認為工作時間是你可以掌控的槓桿。然而，其他許多槓桿卻是你無法掌控的。我真的擔心，我想我的預期壽命會因為創業的第一年而少了好幾年。真是狂亂了好一陣子，我眼中真的只有滔滔不絕的電腦收件匣和檔案，以及處理事務的公寓房間小角落。」當時，他沒有加以節制這樣行為的夥伴或家人。「我以為真正具有生產力的工作方式是，如果半夜醒來，就起床開始工作。我會在凌晨兩點鐘被鳥兒喚醒，然後就開始工作。我的確完成許多工作，但這真的太荒謬了，因為接著到了下午兩點鐘，我就累得睡著，然後晚上又睡不著，就形成睡眠失衡的惡性循環。而且，如果你在凌晨兩、三點時發電子郵件，收件人很有可能會認為你瘋了。」

他原本已存錢要去巴西看世界杯足球賽，卻又決定不去了，因為他覺得沒有別人可以做他需要做的工作。

「那本來是我辛苦工作兩年的獎勵，所以那真是來到最谷底。」正是這個時候，他決定自己需要改變。「我心想，如果無法抽身，那我可就真的會發瘋了，會變得憎恨我做的工作。」

此外，一個事業夥伴在事業實際開展前拆夥，也對他帶來了財務壓力。「我花了十年儲存開設公司的資金，然後卻必須還掉他投入的金錢。結果，十年積蓄立刻縮減成沒什麼錢，我設法用此時剩下的錢支應了三個月。我們大概有兩個星期都非常接近倒閉邊緣，這段時間就是典型的求助信用卡和賣掉我所有的一切。這觸及個人最深的恐懼：我該怎麼做？我要吃什麼？我會被趕出公寓。」當時，他還沒有可靠的營運模式，也沒有客戶。「情緒上要去克服這種失敗感，非常不容易。我認為就一個人來說，這對我有好處，會有點傷心、恐慌，還有各種階段的害怕和沮喪，但接著你會度過這一切，並且了解到：不過就只是錢而已。只要我能湊出吃飯和付房租的錢，就真的沒什麼大不了的。」

他是怎麼堅持下去的？「在許多不同階段，我非常懷疑這整個方案。但感覺都走這麼遠了，還有就是『沉沒成本謬誤』：我已投入了一生積蓄，也如此毫無保留投注了我的生活，所以我必須繼續下去，不能放棄。而且說實在，其中還牽扯到自尊心這檔事：我必須繼續努力，多年來我不斷在跟朋友說這件事，我真的能夠放手，然後跟他們說我搞砸了，還在這當中賠上了一生積蓄嗎？他們大家都會嘲笑我的，這想法真的也發揮了作用。」儘管博洛頓說，其中有一些心流時刻（見第七章）、純屬腎上腺素發揮就實現的時刻，這是他今日所欠缺的，而它們通常「轉向較為詭異及誘導壓力的事物。我認為我應該能做到同樣的成果，而心智上更加穩定」。

至於工作以外的生活，「整整兩年，完全沒有。這相當不健康。我現在跟朋友說到這件事，他們的反應大都是這樣：對，你當時就是個混蛋，跟你來往可不愉快。」

最後，博洛頓找到了出路，部分是藉由招募人員來協助他瘋狂增加的工作量，部分是藉由在網路下西洋棋（免費的，套句他的話，當時他是窮光蛋），它成了新事業混亂狀況的絕佳反襯。「我十二歲以後就沒再下西洋棋了，這就是關於專注在規則清楚的事情：你心中只想著六十四個棋格，三十二枚棋子，就是這樣。西洋棋沒有意外，相較之下，嘗試創業毫無規則可言，不，確實有著規則，但是你就是不懂！」他大笑。「而且其中有著遠比將死更糟糕的結果。」明確擅長某件事，發揮了重要性。「創業時，你不知道自己做得好還是做不好；但是下棋有清楚的規則，獲得肯定或棋賽的小小勝利表情符號讓人小小釋放了血清素，對當時狀況帶來了極大的不同。」他也開始跑步。「跑步的人會感受到歡欣鼓舞的說法，我絕對贊同，但同時也是因為我領悟到跑步時很難製作Excel 試算表或回覆電子郵件。」

時間一久，博洛頓有了極為明確的界限，以前他每天晚上一收到各家店的最新資訊，整個晚上就跟著受到影響；現在他只會在已事先為這些衝擊做好準備的星期一上午，查看這些郵件。他了解到把個人的電子郵件信箱做為請款通知等事物的聯絡處，也會讓他不快樂，因為他無法控制請款單何時出現在收件匣。所以他設立了一個新的電子郵件信箱：finance@cubbitts.co.uk。「說真的，現在這聽起來有點蠢，但它對於我的心理健康有重大的影響，我突然間有了掌控力，因為我可以在我做好心理準備時，一星期查看那個信箱一次，一口氣付完所有請款單。」現今，公司和博洛頓本人都健康茁壯。

對於身為電視主持人、探險家和作家的利維森·伍德來說，卻是在取得明顯成功之後才開始陷入困境。他告訴我：「就在我到達自己想要的天地時，情況開始變糟。」在第一個電視影集走紅後，他突然發現自己置身工作及工作相關事務的倉鼠轉輪上。「我一心想要成功，所以答應每一件事、每一個機會，我不斷往前衝，拚命抓住一切，讓一切發揮作用。就職業觀點來說，這的確奏效了，卻讓我沒有做其他事的時間。我取得了重大的財富成就，卻發現自己捲入亂七八糟的媒體漩渦之中，我不禁這麼想：『一切都這麼順利，但我就是沒時間留給自己。』」

這讓人痛苦，因為它和他期待的「成功」不一樣。「我是如此幸運，能夠實現童年夢想，但也真的過得很艱難，因為我的確懷疑這樣的成功到底有何意義。我確實有過非常難熬的時刻，讓我懷疑自己到底在做什麼。而改變的契機是在我開始因應這句老話：人生在乎的是旅程，而不是目的地。我太過專注在目的地，而忘記給自己時間去享受它。」最後，他開始掌控個人的時間，並留意他的工作就快要讓他陷入悲慘境界。「我已經瀕臨想直接說，真是夠了，我要對一切說不！你就知道為什麼有些『成功』人士會失控，因為他們失去和現實的聯繫，我在認識的一些人身上目睹過這情況。我決定退一步去了解初衷。」現在，如同我們將在第七章發現的，他已經可以主宰自己的時間，安排一段時間工作和休假，變得快樂，而且能夠享受自己成就了。

本書之後會更詳細探討博洛頓和伍德的策略，了解它們如何及為何可以適用於所有獨自工作者。我現在提到這些例子是讓你知道，不管你在個人工作生涯遇上什麼，這並不罕見。伍德在電視上給人充滿魅力、極富能力、英俊且完全無法撼動的印象。我們不知道其他獨自工作者經歷著怎樣的幕後故事，即使看起來對其個人工作胸有成竹，即使似乎擁有充滿活力、冒險刺激及實現目標的職業，過著充實滿意生活的人，都曾經有過或未來可能遇上，抑或現在正經歷著糟糕時期。但他們成功度過了，你也會。

第3章

寂寞和孤獨

儘管共享工作空間增加，但根據估計，仍有高達百分之九十的個人工作是獨自進行。許多獨自工作者在相對不尋常的孤獨中度過許多時光，這可以設法處理。獨自工作者不是唯一會感覺寂寞的人，在辦公室、在派對上都可能感受到寂寞，但百分之四十到五十的獨自工作者會有時或經常感到寂寞，我認為這是非常可以理解的。我們的工作可能會實際讓我們與他人隔離，但對別人來說，感覺寂寞不是因為身邊沒有人在，而是因為單獨執行業務的寂寞感。我們對於和他人聯繫，全都有著一股近乎原始的深沉需求，我們需要感覺到有人聽聞、有人了解及關懷。

寂寞可能造成深遠影響，其中包括我們的健康，因此需要正視而不能忽略或埋藏這個問題。剛開始或許會覺得困難，但承認和面對它，表示寂寞是可以解決的。如果感覺寂寞，別覺得羞恥。這不只常見，而且有幫助。如同芝加哥大學心理學教授暨寂寞研究學者約翰．T．卡裘波在《紐約時報》的文章指出，寂寞就像飢餓或痛苦，這是我們身體的一種厭惡訊號，告訴我們情況不對勁，需要注意。「否認感到寂寞就跟否認感到飢餓一樣沒有意義。」

在歐洲和美國，寂寞人口逐漸增加，九百萬英國人及大約一半美國人覺得寂寞。這些數據不只絕望悲傷，在工作上，寂寞也有嚴重後果：寂寞的工作者（不管是不是獨自工作者）表現較差、較常辭職、生產力較低，而且比較常請病假。寂寞每年耗費英國雇主二十五億英鎊，用不著數學大師就可以推算出寂寞的獨自工作者也會付出代價。除了職場，茱莉安．赫特盧斯德教授的研究也顯示，長期寂寞和抽菸一樣，會危害健康，增加百分之二十六的死亡風險。另一項研究指出，寂寞可能是阿茲海默症和認知衰退的臨床前兆。寂寞似乎比肥胖更能預示早逝，也是身體發炎的潛在原因。

訓練平臺和研究中心 Betterup 針對美國勞工寂寞感的研究顯示，無論種族、性別和族群，私生活跟比較多人相處的人在工作中比較不會感到寂寞。從事法律、科學和工程工作的人出現較大的寂寞感，而取得高等資格的人也一樣（醫學和法律專業資格最為寂寞，較博士學位多百分之二十，較學士學位多百分之二十五）。而身為非異性戀者也跟工作上的寂寞感有關聯，該研究指出，至少在美國，高學歷、單身、沒有小孩、沒有宗教信仰、非異性戀者都是他們稱之為「寂寞流行病」的最高危險群。

這不是要嚇唬你，但成為獨自工作者並不表示就會寂寞。孤獨這個名詞表示處於孤單的狀態，這和寂寞不一樣，後者是缺乏其他人的一種不快樂感覺。個體有時或時常孤獨，但不會自動導向寂寞。研究指出孤立和寂寞帶來不良影響，但它說的不是孤獨。孤獨中還是絕對可能感受到深切的快樂，如果它沒有自然出現，或是你痛恨孤獨，這也是我們可以設法處理的事。

孤獨本身沒有負面或正面評價，但從歷史角度，對它則有兩種思考方式。一方面，孤獨曾經及現在都被用來做為犯罪刑罰，做為把不想要的人排除社會之外的方法。單獨監禁仍是監獄所能施予的最極端懲罰。選擇孤獨的人從以前到現在都被視為異類，甚至被視為會對他們選擇離開的團體帶來危險。（想想隱士，或關於孤獨地住在森林深處的女巫故事吧。）

而另一方面卻有想法認為，偉大的藝術、文學或科學的重大突破是涉及埋首書桌或畫架的孤獨人物。印證這種觀點的人士包括十三世紀詩人魯米、十九世紀散文作家梭羅、撰寫《獨處中的沉思》的二十世紀修士暨神祕主義者多瑪斯．牟敦、十九世紀德國哲學家叔本華和尼采（但尼采雖然渴望獨處，卻和孤獨有著知名的複雜關係）。釋迦牟尼、摩西、耶穌、穆罕默德等宗教領袖會例行跋涉進入一種實際或隱喻的荒野，帶著滿滿的個人成長和心靈交融回歸。

如果對孤獨有著負面感覺，不管是自己或孤獨這個觀念，那麼你很可能從中感到寂寞，因為不管實情為何，你都很容易解釋自己的情況是極為孤立。我們對於孤獨的看法真的非常重要。（如果你不喜歡獨處，並不只有你這樣：《科學》期刊有個令人不解的最新研究，它指出在十一個研究中，大部分參與者寧可選擇電擊，而不願無所事事地獨自待在一個房間十五分鐘。）

和孤獨共處是我們所有人都需要，也可以改進的技能，但是，整天、天天甚至是大部分日子都獨處，卻是很困難的事。這樣很難壓過內心的批評聲音，因為身邊沒有其他人、沒有喧嚷的人可以蓋過它，也沒有較穩重的人來平息它，而儘管這可能激勵創作和創新，但不需要的想法也很容易浮現並且壓倒你。尼采在一八八〇年代寫道：「人就是這樣領會當下醞釀出的孤獨，野獸也在其中。」你可能會從自主權和專注力中得到收穫，卻可能敗於自我懷疑，甚至更糟。

租用共享辦公室、工作坊或工作室的空間，就比較不會延伸孤獨。（第十章有更多工作地點的討論，如果你發現孤獨尤其難以承受。）不過，即使比較喜歡分享空間，卻仍可能覺得昂貴；而且開計程車、行動美髮或水電工程等眾多個人工作，是無法在分享的租用空間或共享辦公室分區進行。就算可以分享，你可能也會發現自己需要或寧可獨自工作。我喜歡在安靜中寫作和訪談，如此一來，付費給共享空間感覺就毫無意義。我也很愛管閒事，而無法在咖啡館或圖書館做完太多工作，我會花很多時間一邊聆聽對話，一邊在腦海裡替在角落喝咖啡咬耳朵的情侶構思故事，我必須使用減噪耳機來蓋過周遭所發生的有趣人生。

大致了解自己在內向、中向、外向的性格光譜上的位置，有助於了解自己對孤獨的反應，以及解決之道。因為許多性格內向的人需要一定程度的孤獨，有些人尋求單獨工作，有些人苦於輪流使用辦公桌的辦公室、大型或高聲交談的會議，他們在這些無法符合其特殊需求的環境中苦苦掙扎。蘇珊・坎恩在其著作《安靜，就是力量：內向者如何發揮積極的力量》中指出，內向人士擁有一種「創作優勢……內向者喜歡獨立工作，孤獨可以成為創新的催化劑」。如果想要找出自己的位置，坎恩的網頁 www.quietrev.com，有一個快速的性格測驗。儘管外向者也需要安靜的時光，卻也似乎會從他人身上汲取能量。不是所有外向者都對孤獨感到棘手（內向者也不全是喜歡孤獨），但如果你是其中一員，了解原因或許會讓人寬心。

剛開始成為自由工作者，我搬了一張書桌加入史蒂夫的家庭辦公室。不到一星期，他對我說，我必須停止一直說話。我習慣了開放式的新聞編輯室，到處都是健談的新聞記者。史蒂夫已成為自由工作者許多年，他習慣修道院般的孤獨和全然的寂靜，這讓他可以專注在後製工作。十年過去了，我們早已放棄在同一個空間工作。他是社交型內向者，喜歡社交互動，但需要相當長期的孤獨來充電，他一點也不覺得個人工作會寂寞。我比較偏外向，比較不會因為社交互動而過度刺激，不需要太多恢復時間。（而且，我寫作時會喃喃自語，這是不相干的問題，卻可能導致離婚。所以結論是：分開辦公室。）對我來說，孤獨不太容易，跟所有人一樣，我有時需要獨處，但不渴望它。雖然我的獨處很有生產力，但有時會和寂寞混為一談。法國作家科萊特在二十世紀早期曾這麼說：「有時候，孤獨是讓人陶醉的醉人美酒，有時候是苦澀的酒水，更有時候是讓人徒勞無功的毒藥。」

科技對獨自工作者帶來改變生活的好處，但如果它讓我們不再為了世俗原因外出，不再和真實人們相處，也可能帶來更深的孤立狀態。我們需要確保我們用於事業且讓生活更便利的科技，不會同時剝奪我們賴以茁壯的社交互動。如果交付太多事務給人工智慧科技、App或網站，甚至連靠著去郵局或銀行所建立的淺薄連結都會失去。

麥克．哈里斯在其著作《獨處七日：找回被剝奪的心靈資源，全新思考、理解自己、靠近他人》中說，試著在很少感受到孤獨時掌握住它，並同時檢視在智慧手機的時代中，是否有可能孤獨。他強調人類有社交梳理的需求，即從我們靈長類身體梳理行為一小步提升的社交對話。這種對話藉由一層一層累積，打造出深厚的人際關係、文化和社會聯繫，以及歷史上的一種歸屬感。社交梳理讓社會團體得以運作，讓我們最古老的人類祖先形成小型社區，即大部分不超過一百五十人的群體。

現今，由於即時通訊、社群媒體和電子郵件，我們沉迷在無止盡的膚淺社交梳理，加入極為擴張的團體。大部分的現代社交梳理涉及稀少或完全沒有面對面的互動，只有數以百萬計不經意的小小訊息或符號不斷掠過我們之間，虛擬地把我們維繫在一起，卻不實在。

定期的實地社交接觸可降低憂鬱症風險，但缺乏親身接觸的電子郵件和打電話卻不能。當因為新冠疫情的封城，社交接觸只能仰賴數位通訊時，它們會變得極有價值，也幾乎肯定會對心理健康造成積極影響。在一個親身經歷和數位之間別無選擇，每個人多多少少都同樣孤獨的世界裡，淒慘的寂寞和堪可忍受的孤獨之間的差別可能就在 Zoom、Skype 和 Facetime。不過，我們的大腦渴望的是親身接觸，雖然在封城期間，數位總比毫無接觸好，我們都明白這是實際對話的糟糕替代品，因為對話時，可以看到對方眼睛，可以清楚且沒有延遲地觀察他們的肢體語言。

因為社交梳理的舊有現實版本成了我們的天性，智慧手機和社群媒體便使人沉迷。每當我們在網路或訊息中分享事情，大腦就充滿多巴胺和其他感覺愉快的神經化學物質。這在十萬年前可能很有幫助，此時的早期人類正在發展語言，並分享可能有助小群體存活的資訊。不幸的是，我們的大腦從生活在森林、洞穴和大草原的時代以來，幾乎沒什麼進化，甚至還未稍稍追上數位通訊。我們天真地喜愛從推文和轉推、Instagram 的讚和大量電話通知所得到的情緒迸發，從一個多巴胺來源蹦跳到下一個。但是，這種社交梳理所創造的聯繫，許多都很淺薄、容易斷裂，或根本不存在。當然，不全然如此，還是有一些稀少但傑出的數位社群例子，他們確實非常支持成員；而且有時真實生活的關係是源自數位世界。（並非只在 Tinder 和 Hinge 等交友約會軟體。）

社交梳理和智慧手機上的聊天可以發生在徹底孤立的情況下，稱之為「社群」媒體真像是騙局。我們內心深植參與社交梳理的強烈欲望，就跟具有想要大啖糖、鹽、脂肪的本能一樣，而這些東西就像安全，都是早期人類欠缺的東西。哈里斯在他的書中質疑，我們現在是否已變成「強迫性的社交梳理者……狼吞虎嚥速食的對應物。社群媒體是否已讓我們得到社交肥胖，食用接連不斷的聯絡，卻從未獲得適當的營養？」

分散到社群媒體和通訊軟體太多時間，等同於空有熱量，這可能讓我們感到寂寞，儘管（或許正因為）我們似乎是和許多人有所聯繫。《美國預防醫學雜誌》所刊登的一項研究顯示，高度使用社群媒體的成年人經歷到感知性社交孤立，是其他人口的三倍。我們都需要他人，真正的他人。

考慮到這一切，獨自工作者要如何讓我們的孤獨為我們所用，卻不會讓獨處變成寂寞呢？關鍵在於感知、練習、減少和欣賞。藉著留意我們是如何感知自己的孤獨，是否把它視為壞事，是否真的像自認為的那樣孤獨，就可以阻止負面情緒悄悄滲入。藉由有意識地練習孤獨，我們可以較習慣在自己腦海中度過時光，並且了解可能促使我們負面體驗孤獨的事物。減少我們獨處的時間，或是加入小而有價值的社交互動來打破長期孤獨，這樣可以幫助我們感到更有聯繫。而藉著了解孤獨之於創造力的力量，我們就會欣賞它，這也是增進我們如何感知孤獨的最有效方式之一。

感知

孤獨可以是非常好的東西，但唯有在我們選擇它的情況時才是如此。選擇孤獨徹底改變了我們對它的感覺。

電影作曲家尼古拉斯・霍柏最知名的作品可說是《哈利波特》系列的電影，他現在同時是作家和音樂人，在我們談論他在進行電影作曲時，對於孤獨有什麼感覺，他如此回應。「我渴望陪伴。」他告訴我：「這幾乎讓我發狂，我以前常嘮叨說著我無法應付它。但我必須獨自完成工作，所以每隔一段時間如果有機會和人見面或外出，我就會抓住它。現在，我大部分時間都被家庭事務占用，我反倒渴望自己的時間。比起以前我擔任電影作曲家，必須獨處時，我現在對於獨處則是快樂多了。」

如同霍柏所經歷到的，即使獨處是一種選擇（我們不是囚犯），卻可能感覺不像選擇，尤其要是我們並非天生就很享受孤獨，或是覺得必須獨處才能做好工作的情況下。我們對獨處抱持怎樣的感覺真的很重要，遠比孤獨對於大腦的現實狀況重要得多。長期的感知性社交孤立就和實際性社交孤立一樣，有礙身心健康。

儘管這聽起來很危急，其實不然，因為得知此事給了我們一個解決之道：重新架構我們對於獨處的想法和感覺，就足以推動我們對孤獨的感覺好一些。

這可能不容易，但值得一試。對我來說，當感覺到沒人了解我必須多麼努力工作，財務及情緒上又承受怎樣的壓力時，獨自工作便帶來了絕望寂寞的時期。（這正是為何我會想要寫這本書；如果我有這種感覺，別人必定也一樣。）回想起來，我並不是情緒上、社交上，也非身體上的孤立，但我的感覺非常非常真實，我困在自己寂寞之中的感受也一樣真實。而現實中，不管是從地理（身在倫敦）或數位角度看來，我身邊都圍繞著他人。有著以同樣方式工作、經歷到同樣事情的人，有著有空並願意支持我的人。我當時並不知道有他們存在，但他們的確在。（有關創建支持人脈網的更多討論，參見第十五章。）

如果寂寞是關於我們感知自己有多麼孤立，以及它讓我們感覺有多麼悲傷，那麼我們能不能藉由評估我們實際有多孤立，來主張自己不覺得寂寞？我們的工作不存於真空之中，除非你是選擇住在蘇格蘭外海赫布里底群島的陶藝家，選擇這種程度的孤立是因為你想要並且樂在其中。你可能認為自己的工作很孤獨，但果真如此嗎？自由工作者和獨自工作者經常感覺自己比實際狀況更孤獨，這是我時常掉落的坑洞。但你我從事的每一項工作，都是由於他人網絡而產生。

水電工有供應商，畫家有藝廊、經紀人和助手；小說家有校對、文字編輯和出版商；園藝設計師有建築工、泥石匠和植物供應商；油漆匠需要有可以購買油漆和刷子的商店；司機有乘客。幾乎我們所有人，不管是珠寶師、網頁設計師、女帽商、私人廚師、行政助理、社群媒體管理人或人生教練，就某方面來說都擁有客戶和同事。

我的工作中有編輯和出版商、受訪者、攝影師、校對、新聞發言人和其他作家。比較不明顯的還有處理我部分研究和抄錄的線上助手、會計、請款的記帳員，照顧我家小小孩的托兒所，以及看顧我家大小孩的居家保母。我或許經常獨處，卻是置身無明確界限的巨大擴張團體之中。反覆對自己說著，因為單獨工作，所以我們孤獨，這並沒有好處。

孤獨天才的形象並不真實。儘管發明和觀念往往以個人命名，卻甚少在缺乏眾多配角的協助下產生，這眾多配角往往是無名且沒沒無聞。愛迪生發明了電燈泡，很容易被刻劃成孤獨置身在維多利亞式的工作坊，但他有一個至少三十人的團隊和他一起工作。達爾文可能在孤獨中完成大部分的著作（即使當時他已經結婚生子，時常有訪客），但開啟其演化論研究的調查旅程，則是在「小獵犬號」上度過五年的時光。這是一艘船身二十八公尺的船舶，共搭載六十八人，船上擁擠到達爾文必須睡在懸掛於繪圖桌上方的吊床。愛因斯坦可能是最為著名（顯然）的孤獨天才，就連他也不是完全獨來獨往，而是擁有寶貴的朋友和同事網絡，像是米給雷．貝索、格羅斯曼．馬塞爾、阿德里安．福克和貢納爾．努德斯特倫，他們對於他最終的廣義相對論均有所貢獻。

就像愛因斯坦，獨自工作者很少是孤狼，而如此自認，只會增加感知性孤立程度。你在現實生活所認識的獨自工作者，沒有人是真的孤獨，因為你看到的臺上每一個得獎或發表演說的創業者，幕後都有數十人協助該人士（單獨）出現在你面前。他們不是獨自辦到，而你也用不著如此。如同《零工經濟》作者黛安．穆卡伊對我說的：「我認為這是最有害的觀念之一，不要當英雄，不可能自己單獨辦到。」每當遇到其他獨立工作者，她就會進行她所謂的「團隊談話」，不斷重申這樣的工作方式是相互連結的。「你身邊有誰？你的團隊裡有誰？你增加了誰？你最近增加了誰？你需要誰？」

電視探險家、作家與攝影師里維森．伍德也認同。因為他經常獨自走過整條尼羅河，我以為他經常獨自一人，其實不然。「對我而言，最重要的是擁有團隊，必須確保裡面有合適人選，因為不可能自己完成一切，必須學會授權。」

減少

放下工作並和其他人在一起，可以防止寂寞，且在它真的出現時減輕狀況。你可能會覺得每天埋首解決工作，是盡可能完成工作的最佳方式，這是完全正常的觀點，也是我們大多數人對工作抱持的想法。不幸的是，這也完全錯誤。如同我們稍後會更加深入討論的，長時間工作，尤其是毫無休息的工作，會減緩並且最終會導致生產力下降。放下工作，走到戶外，最理想的是走進大自然，可以重新校準我們的能力。比起只是幫助抑制寂寞，休息並走入通常充滿他人的世間更加重要。

以前會把我們抽離工作的生活雜事，現在可以藉由App或在線上完成。這是個問題，因為即使是現實生活中小小的社交互動，對抑制寂寞也有極大效果。正向心理學領域有一項出自馬丁·賽里格曼和艾德·迪安納的知名研究，他們在二〇〇二年便發現，快樂的人跟別人相處的時間通常比其他人來得多。真正吸引人的是什麼？用不著為了取得一些利益，而結識或甚至和他人說話。快樂研究學者展開更進一步的研究，藉由觀察事實來調查他人是否會讓我們更快樂，在這項研究中，研究對象被要求和咖啡館中不認識的咖啡師談話。（結果：他們帶著愉快心情離開。）不過，更多研究發現，即使只是和他人眼神交會，就算對方是街上擦身而過的徹底陌生人，還是能讓人感到有所聯繫。（這項研究的一個奇怪註解是，人們真是很不擅長記住這種社交方式有多麼愉快，行為舉止還一副寧可避開它的模樣，尤其在有陌生人的場合中更是如此。這在英國尤為真實，大家表現得像是寧願死，也不願在公共交通工具上和別人說話。我最近注意到有個藝術家在明信片畫了素描，然後分送火車乘客。傳交出去時，她會閒聊兩句，而大家似乎都非常高興能得到她的作品，這顯然是她隨時在做的事，她告訴他們，她在世界各地都這麼做。然而，我還是很高興自己距離她半個車廂，用不著參與其中。）

獨自工作者尤其容易陷入科技引發的寂寞感，運用手機、電子郵件、訊息，銀行和記帳 App 軟體來進行業務的獨自工作者，經常捲入這樣的狀況。有多少次你拿起手機準備支付請款單，半小時後卻發現自己麻木地滑看社群媒體？多少次你對自己辯稱說，你是在從事社群媒體管理及線上銷售，所以沒關係？我時常採用顯然會讓生活更輕鬆的最新科技，從未想過可能隨之而來的代價。運用 App 和網頁不只讓人比往常更常使用手機，同時也減少原已稀少的人際交往機會。

從工作中稍事休息的最好方式是和朋友到餐廳從容享受午餐，或是和熟悉的人在陽光底下打網球。不過，當下這樣的機會通常很稀少，且讓我們將就較平凡的方式來減少獨處時間。不要在線上下單，改去實際商店購買；去當地泳池游泳，或是到公園享用午餐休息時光。鄰人經過時，和他們小聊一下，而不要急著趕去辦公桌。每一次的小小互動都有助於建立更為社交聯繫的生活。

你居住和工作的地方或許太偏遠，而沒辦法輕易做到這些事；你或許認為半途拋下一天工作來休息，是想都無法想的事。如果這樣，那麼對你來說，創立或維持其他社交紐帶就更加重要了。如果你必須完全獨自一人過日子，那麼就需要投注精力在其他人際關係。我們或多或少都需要人際關係，來做為我們周圍的鷹架，以便我們維繫在一起，協助修復。如果你覺得自己沒時間做這些事，請記住一件事：寂寞對於你的身體、頭腦和事業都有害。

練習

時間一久，我越來越擅長清楚察覺自己的孤獨，也更擅長獨處而不覺得寂寞。現在，孤獨及其伴隨的安靜，並非只是我默默忍受的事；大約有四分之三的時間，我和孤獨寧靜共處。這是我必須學會做到的事，以便取得孤獨的潛在好處，也就是蘇珊·坎恩說的「創新的催化劑」。我們必須學會如何自在地獨處。富有影響力的精神分析師唐諾·威尼科特曾大幅提及他所謂的「獨處能力」，以及有無這項能力的人；並早在一九五〇年代後期便指出，發展出獨處能力的人，永遠不是真的孤獨。

安娜・布萊威爾是二十六歲的探險家及公眾演說家，她放下原本的個人探險整整一年，來完成探討自然環境對大腦及健康的碩士學位（她第一個學位是心理學），而去年夏天她花了五星期獨自縱走瑞典北極圈。她相信可以訓練自身享受孤獨，發展出獨處能力。

「我一直在為此做準備。」她如此談論她在二〇一九年的整年縱走。「在我前兩趟長途行程中，我獨自上路，但一路上接觸到許多人。藉由放鬆自己投入行程，我開始習慣花很多時間獨處及沉思，但後來又有機會在沿路和人們交談。」到了去年夏天，她已經安於獨處。「我會一連五、六天沒看到任何人，我知道我會跟自己相處愉快。這種說法似乎很奇怪，但我想我是沒什麼問題的人，這表示說我可以離開那麼長的時間，而不會讓腦袋想太多，讓自己發瘋。」

訣竅就是從一點點開始，再逐步增加嗎？「先從少量開始，同時找出可能造成你捲入負面螺旋的事，記住你什麼時候最為脆弱。獨處最大的風險之一就是陷入負面情緒，如此一來，可能就很難走出來。最容易的方法是和他人相處來往，但要是你沒有這個選項，那就需要策略來拉出自己或保護自己不要陷入這些情緒。例如說，我知道如果我累了餓了，就容易變得脾氣暴躁，懷疑我到底為什麼要大費周章展開這趟旅程？現在我知道，一旦我萌生這種想法，就需要吃東西。然後，我會花點時間說：『我選擇讓自己置身這樣的狀況。我想做，或許這個時刻不是，但我的確想要這麼做。』我知道等食物發揮作用，我的看法就會再度改變，所以這是為了不讓自己太看重這些想法。」

不管是獨自坐在房間的辦公桌，或在北極圈縱走，她的建議都適用。經過練習，我們全都可以深思熟慮地善用孤獨，如果可以，再逐漸地找尋感覺最糟糕的時刻，然後分析造成它們出現的原因。我們很少人像安娜一樣，會需要花六、七天徹底孤獨，但訓練自己的孤獨也一樣重要。從半小時獨自散步或外出午餐開始，逐漸增加獨處的時間，直到可以一次應付好幾小時。接受這個事實：你就像大部分的人，可能會發現獨處很困難，但這會越來越容易。

可有會讓你獨處時感覺越發糟糕的誘因嗎？像是太多時間獨處，太少運動，沒有吸收足夠的陽光和新鮮空氣，沒有吃夠喝夠，工作以外的生活乏善可陳，或工作以外的生活太繁複（如果你必須處理和工作無關的情感、家人或財務問題）。對於我們這些受荷爾蒙擺布的人來說，荷爾蒙分泌的起落真的也會搞亂獨處的腦袋。

藉由找出獨自工作時，會把我們推入負面地步的事物，抓住這問題看不見的肩膀，逼視震懾，這樣我們就能夠更加清楚思考如何克服它（或是忍耐等待荷爾蒙平復）。有時候，光是知道是什麼觸發你，就足以凌駕它：能夠對自己說，它又來了，但我知道問題是什麼，從何而來，而且也會離開。《享受吧！一個人的旅行》作者伊莉莎白・吉兒伯特在美國公共廣播電臺的「ＴＥＤ廣播時間」曾提及，她是如何面對和創作密切相隨的恐懼。她創造出一種讓我始終銘記在心的意象：「多年來我所找出克服的方法，就是創造出一種心理結構，在裡面留下許多空間和恐懼共處，可以直接對它說：『嗨，恐懼。

聽著，我和你的雙胞胎姊妹創作力準備開車去旅行。我了解你會加入我們，因為你向來如此。不用對我們要去的這趟旅行做任何決定，但你可以來。我知道你會驚慌地坐在後座，但我們還是要去。』」

我想「我們還是要去」有著強大的力量，不管是怎樣的感覺，寂寞、恐懼還是缺乏信心，有時最好的辦法就是說：好，我看到你又來了，但我們還是要去。這當然不是容易辦到的事，但長遠來說，比起因為負面思緒而動彈不得，整個漫長的工作日都獨自發呆放空，這可是簡單多了。

欣賞

孤獨非常珍貴，具有讓我們更有創造力的潛力，而不管我們從事怎樣的工作，創造力對我們所有人都有好處。創造力是關於解決問題、產生點子和新想法，與是否會畫畫或縫製拼布無關。研究顯示，孤獨的確可以從許多方面促進創造力，部分是藉由減少拘束，在無人注視的情況下，我們會比較自在。其他研究指出，長時間孤獨會增加自立自強的感覺，加強深度參與工作的能力，也就是說全神貫注，這可以顯著促進更為順暢及富有想像力的想法。

安娜．布萊威爾就是一個活生生的證明。「我想要了解我會怎樣面對長期處於一個非常偏遠荒涼的景觀，以及情緒上和心理上會如何因應。」她從康瓦爾郡告訴我，她目前正在此地就讀。「我發現自己絕對熱愛它，而且這種狀況真的讓我茁壯成長。這是我經歷過最為奔放和創造力的期間，我在行走間書寫這段旅程，而且每天一醒來，腦海裡就立刻充滿所有文字。儘管我一直喜歡寫作，這卻是我從未有過的經驗。」

對她產生如此強大影響的因素到底是什麼呢？「我認為是結合了不同的東西。部分是置身在一個我覺得充滿靈感的環境，周遭環境讓我深受感動，即使只是陽光穿過樹葉落在地面的光影圖案；這一切深深觸動了我。」當下沒有人看著她或評判她，是否讓她覺得比較自在？「沒錯！絕對是無拘無束。」

缺乏人跡就和環境一樣關鍵。「身邊沒有人在，沒有專注於和身旁的人對話，或聆聽他們說話、留意他們在做什麼，這讓人有機會好好關注周遭事物。部分的大腦完全關閉，而我也察覺得到這種現象：有好些日子我對於縱走行程沒留下什麼記憶，因為我的大腦已經去了別的地方。但又有些日子，我的感官像是增強了，因為我有好幾天沒看到任何人，也沒有任何互動。」

布萊威爾選擇讓自己離開他人；她孤身一人，卻未感知自己是孤立的。她可以享受孤獨，並從中得到源源不絕的創意，所以孤獨並不可怕。（即使當她被大黃蜂螫傷，手指險些截肢。對，儘管如此。）

雅麗珊卓．達里斯庫是舉世聞名的鋼琴演奏家，經常飛往全球各地舉行個人演奏會。

「我舉行演奏會維生。」她告訴我：「我不教琴，主要做的事是表演。身為鋼琴家，我總是獨自一人。我獨自練習，獨自展開旅程。如果舉行演奏會，就在表演前和主辦者見面幾分鐘，然後我開始表演，就這樣。如果和管弦樂團一起演出，這樣比較好，至少排練期間有人參與。排練通常是在正式演出的前一天或當天，所以即使這樣，也還是沒有太多共同排練時間。我會說我的工作有九成時間是獨自一人。」這種程度的孤獨可能會讓人極度孤立。「獨自巡迴時，我在舞臺上盡情演出，之後卻找不到人一起外出共進晚餐，在飯店房間裡徹底孤單，因為飯店不提供，客房服務也沒了，但是肚子好餓……有時真的讓人很崩潰。」達里斯庫很快就了解到，她需要找到解決辦法。

「在我的職業生涯非常早期時，我有過一個讓我改變一切的遭遇。當時我在一個小鎮剛為一個音樂社團表演完音樂會，等回到後臺，那裡空無一人，幾乎所有燈光都熄滅了。主辦人不在，完全沒有人在。我知道我必須步行至少二十分鐘才能回到旅館，因為那是小鎮，沒有計程車。我心中只有一個想法，哦，老天，真是糟透了。」幸好，她此時產生了「戰或逃」的反應。她說：「不是陷入這種『自己好慘的感覺』，就是對此採取行動。」她沒有留在陰暗的後臺，而是立刻找到路，前往劇院大門。

「觀眾開始離開會場，所以我向他們道謝。『非常感謝你們過來，謝謝你們。』人們開始跟我說話，突然間，我不再感到極度沮喪，而是心情振奮。倏然間，整個社群的人都圍繞著我。這就是我的起點。之後，不管是和大型管弦樂團合作，還是在小型會場演出，我一定會在演奏會結束後出來感謝大家。我真的認為這是一種治療，對我有莫大的幫助。」

這不只是社群感。「聽見人們說：『我過了糟糕透頂的一天，而妳的琴聲真的振奮了我。』還有人說他們從未聽過鋼琴演奏會，沒想到是這麼讓人愉快。聽到這樣的心聲，你會覺得自己改變了人們的生活。」

儘管她只花了十分鐘在演奏會結束後向觀眾說謝謝，這便足以讓她度過整個夜晚及之後的時光。「這讓我心情十分愉快，回到旅館房間看電視，絕對沒問題，絕對不會覺得孤獨和悲慘。這是跟我的感知有關，因為我在一天終了時仍是獨自一人。但是，我擁有好心情，從大家身上汲取正面能量，讓一切似乎都變好了。」而其餘時間，剩餘的九成工作時間，當獨自一人時，她仍舊把觀眾放在心中。「我十分珍惜觀眾，因為他們讓我成為了更好的演奏家，否則我只會為椅子演奏。」

如果達里斯庫沒有在演奏會後出去和她的聽眾見面，工作就有了風險，會感覺它和任何人都沒有關聯。她需要她的工作對別人產生意義，這樣工作對她才有意義；她需要感覺到自己呈現的音樂和聽眾之間有連結。唯有這樣，她才能因為孤獨同時帶給她和聽眾的東西，欣賞孤獨。

孤獨在具有意義時，就讓人能夠忍受。如果你孤身一人做的工作對你有意義，那麼惡劣的內在批評就沒什麼好叫嚷，我們也比較不會感覺社交及個人孤立。對於是什麼讓工作有意義，又如何找出對自己有意義的工作（參見第四章），現下有很多不同看法，但是TED演講的組織心理學家亞當．葛蘭特這麼說：「有意義的工作其核心是相信自己的工作會讓他人的生活變得更美好。當這樣的信念有所動搖，且自問：『如果我的工作不存在，誰的處境會變糟？』此時心中想到的名字便是你的工作之所以重要的原因。」

欣賞我們在孤獨中所能做的事以及孤獨對我們的影響，就是確保寂寞毫無出現餘地的強大辦法。

第4章 什麼是有意義的工作？

在我們嘗試理解有意義的工作這觀念之前，我要先說一件事：你用不著要讓自己的工作有意義。如果你很安於自己的工作，甚至很討厭你的工作卻不介意（可能是因為它提供了其他對你更有價值的事，像是更多時間和家人相處，讓你有機會去你一直夢想能居住的城市，或是可以每天傍晚玩飛行傘），那可就好極了。不是每個人都會從工作中獲得意義，這不是強制的。而且就許多方面來說，在人生其他地方找尋意義，遠比工作給了我們身為一個人的大部分價值這種現代比喻，來得更健康及更合意。

不過，從事有意義的工作很棒的一件事就是，給人持續下去的內在動機。由於我們的職業生涯將較過去延續得更久，所以也需要樂在其中。擁有內在動機意味著，你並非只是為了金錢、地位或酬勞而工作。稍後當我們談論到關於更多金錢及它如何擾亂我們的大腦，就會了解到內在動機具有多麼強大的作用。覺得正確或愉快而行事的內在動機，和只因為報酬支票等外在因素而做事的外在動機，兩者之間有極大的不同。目的是提醒我們，我們是更大團體的一部分，焦點不在我們本身、我們的能力或我們的不足上面，這舒緩了我們往內省思的人類正常傾向。

思考這樣的事可說是來到相當奢侈的境界。世界上大多數人工作只是為了付帳單，因為他們非做不可。完全沒有工作可能讓人生感覺沒有意義，這並不表示我們應該為追求有意義的工作而感覺內疚，我認為這應該是每個人都有權去經歷的事。數據令人沮喪：北美一項研究顯示，百分之三十到五十的人對其工作生活非常不滿意。在二〇一七年，蓋洛普公司在一百六十個國家進行調查後發現，全球十億名全職工作者有百分之八十五不滿意其工作生活，而這部分必定是和缺乏意義有關。工作不應該是讓人必須咬緊牙關忍受的事。（不過，這仍舊不表示你應該追求意義，只要你不想就不必。）

身為獨自工作者，很可能已發現你的工作具有意義，而這當然不是一種假設。但成為獨自工作者不見得意味正在從事自己的夢想工作，我們時常被強加這樣的假設，也經常對周遭獨自工作者抱持同樣的想法。不過，成為獨自工作者不是必然意指在從事非常充實的事，也不是必然表示絕對熱愛所做的工作，即使從外在看來，你「應該」如此。什麼是對你有意義的工作，這很容易讓人陷入混亂，尤其如果你是獨自工作者，感覺像是有無限的選擇，因此也讓人動彈不得。對部分獨自工作者來說，這樣的工作很容易，因為其中包括自主權等適當因素；但對其他人來說，卻跟其他種類的工作一樣沒有自主權。

當我和湯姆．莫林談論這件事時，他家外頭的氣溫是攝氏零下三十七度。當時上午八點三十分，他置身嚴冬中的加拿大西部家裡。我們笑談如果是在倫敦的茶館，而不是使用視訊通話，那可就愉快多了。我們閒聊天氣，我不知道莫林會怎麼開始回答我始終很難釐清的一個問題，同時也是本書的核心問題之一。在我的研究中，有意義的工作這議題一再又一再出現，但我看到的經常是「試著尋找有意義的工作」，或是「發現自己的工作有意義，會讓人較快樂、較有生產力、較有創造力也比較不會心不在焉」，或是「找尋你的工作意義」。這讓我在眾多書籍的空白邊緣，不斷草草寫下「怎麼做」（HOW）？

我們談話當時，莫林正要出版他第一本著作《你最棒的工作》（*Your Best Work*），這是根據他擔任企業教練及演說者多年來的經驗而成。他的獨特風格在於如何找到有意義的工作，這是他深受尊敬的教練課程所依據的東西，以及大型組織及領導力會議邀請他談論的內容。不過，莫林不是一般的教練，不是從企業界俐落地踏入教練生涯。莫林曾經差點在工作中罹難，而且是兩次，在兩種不同工作，兩者當時都被他視為是有意義的。

莫林年輕時，在加拿大從軍，這使他參與了前南斯拉夫的衝突事件。服役期間，他的單位受到強烈砲轟，按照莫林的說法，他在度過砲轟後的第一個念頭是，他需要找另一個工作。他接下來的工作是在加拿大北部的鑽油平臺，他在這個工作感受到艱苦奮鬥和團隊環境是有意義的。他在那裡也不安全，曾險些被切成兩半，當時有個工人不小心掉落一公噸的鋼製設備到莫林工作的鑽管。可以理解地，莫林也離開了那個工作。他回到大學，接著展開企業職涯。他發現帶領團隊和多國專案管理，身體上比較安全，卻不像之前較危險的工作讓他感到充實，所以他改而追求有意義的嗜好：登山。不難猜想接下來發生的事：光是一個夏天，他就在祕魯海拔五千五百公尺的高山，出現了可怕的幻覺和呼吸困難；幾星期後，他又在法國山區不得不接受救援。

此時，登山已不太可能，加上亟需離開公司工作，以追求更有意義的事，莫林便再次返回校園，完成社會科學和企業主管教練的研究所課程，然後開始自己執業。近十三年來，他都在思考工作的意義。

「不滿意工作往往來自於缺乏意義。」他說，有許多相關數據可以證明這一點。「不過，意義是人類發展出來的東西。」他告訴我：「這是一種社會契約，我總會這麼問人：『什麼是有意義的工作？』當他們開始列舉某些工作時，我會說：『不，不，不，不要給我工作清單，告訴我什麼是有意義。』我們把『有意義的工作』當成一種名詞。Google『有意義的工作清單』，就會出現一個列出十個或甚至二十個被認為有意義的工作的清單。護理、慈善工作、醫學等等。這非常棒，但要是這些工作我都不喜歡呢？這是否表示我永遠找不到有意義的工作？」

在他提及此事的當下，我突然回到了十五歲的時候。我是個聰明的孩子，受到很大的期許。我的父母是社工，他們多數朋友也是（不是社工就是緩刑官、教師、治療師、圖書館員或學者，絕大多數都在公共領域工作）。我們姊妹周遭的成年人所從事的工作都明顯改善了他人的生活。回首過去，我現在不知為何無法確定他們是否享受他們的工作，但因為我們真的不認識以其他方式工作的人，所以從小就暗自理解所謂工作就是為服務他人福祉而做的事，是為了公益，不見得會帶來個人的快樂。我已經被同化，而對有意義的工作抱持了非常獨特的理解。

所以，到了選擇要過怎樣人生的時候（彷彿這是十五歲女孩能夠做或應該做的決定），我追尋自己所能想像最宏大的公共服務：我要為聯合國工作。隨後五年，我大部分時間都用來追求這個目標。我竭盡全力得到一份近乎完美的大學申請單，取得五個A級，而不是尋常的三個（這造成我的分數較低，如果我不執著A的數目，可能就不會如此）；獲票選進入學生會；參加學校的模擬聯合國，擔任祕書長的角色；週末和假日教導體操和運動營隊；額外學習法語。我做了一切我認為會讓我看起來像是標準高成就人士的事，這樣倫敦經濟學院就會接受我去研讀國際關係，隨後我就會直接到聯合國工作。希望是在紐約，但如有必要，日內瓦也可以。

天哪，這真是太無趣，太令人精疲力竭了。我不斷做著我並不特別想要做但自認應該做的事。（我永遠永遠不會承認這一點。我當時的男朋友經常取笑我對入學申請單的執著，這讓我火冒三丈，因為他說得沒錯。）儘管處於優越地位，我卻極為緊張，極度有壓力，期間得到了與焦慮有關的腸躁症候群。經過處於候補名單的痛苦五個月後，我總算成功進入倫敦經濟學院……它卻極度枯燥，而且簡直是毀滅性等級。

我現在只能坦承，我當時是如此堅決要從事有意義（同時也是令人讚嘆）的工作，使得我基於社會所架構的有意義，以及看著父母及其友人所拼湊出來的想法，做了許多真正重要、真正代價昂貴的決定。問題是，我對政府和非政府組織的互動根本沒興趣。我才不在乎霍布斯、洛克和休謨的政治理論有何差異。國際經濟關係的政治課程對我來說是如此難以理解，最後我被送到午餐時間的經濟補救課程。

（還是有一些我喜歡的課程：國際法很吸引人，尤其是和移民與難民相關的部分；以及衝突後的和解及正義。現代國際史就像是看著不斷展開的驚悚片；我取得特別許可修了一年的社會人類學，我也很喜歡這門課。我交了一些好朋友，親吻了一些男孩，我很驕傲取得倫敦經濟學院學位。）參與就是一種榮幸。

我畢業後發現，不，聯合國不要我。國際政府和非政府組織不要我，國際慈善機構也不要，我現在開始絕望，英國慈善機構和智庫也一樣，甚至從未得到面談的機會。我的申請函必定充斥著沉默寡言，或其他大聲叫嚷我不合適、說我欠缺真正興趣及熱忱的東西。而要是聯合國錄用我了呢？我一定會痛恨這工作的。

莫林向我說明的事，不知怎地讓我觸及這個經驗。回憶湧現，我只好告訴他情況。

「就每一份工作來說，總有人會覺得這份工作有意義。」他回答：「但事實上，可能有許多人會說：『哦，老天，在聯合國工作會是世界上最糟的工作。』我們知道有些在聯合國工作的人，覺得他們的工作非常有意義；但就統計學來說，我們也知道在聯合國工作者中也有人對他們的工作深感不滿。」他的重點是，有意義的不是工作本身，也不會自然而然出現。這是我十五歲時不了解，也無法了解的事。是否感受到意義，是由從事該工作的人去領會。它不是獨立存在，它只在我們的腦海裡。例如說，我們認為護理和教書等公共領域的工作有意義，但因為意義是一種結構，是一種我們創造並附加在某些事物上的想法，如果你感受到它的話，任何工作都可能具有意義。

「我總是告訴大家，如果你在尋找有意義的工作，真的沒有這種東西。」莫林說：「不管這是表示成為好父母，贏得奧運金牌，在車庫裡有著最大的餅乾錫盒收藏，成為執行長或最棒的園藝師。所有的意義都是被編造出來的，而這像是一種黑點。」他露出嘲弄的微笑繼續說道：「生活在一個沒有意義的宇宙，這種想法對人類來說是無法忍受的。」莫林說：「我們總是在建構事物。〔文化〕提供了一種宇宙有序的觀點，以及讓我們在這有序的觀點中受到重視的方式。」莫林說：「其中一種文化就叫工作。我們發明這個商業體系，發明這種參與它的方式。」

了解並接受意義乃是不同文化所創造的東西，因此它不是一種客觀的二元性事物。沒有任何單一活動會比其他活動有意義，理論上，一切都沒有意義，也可以是一切都有意義。

這並未讓意義變得不真實，而數據也仍舊清楚明顯，有意義的工作比起讓人找不到意義的工作，給人更多的滿足感。但這並不代表，可以在所有工作找到意義。你依舊是你，有自己的特定技巧、優先喜好及興趣。而如同我的經驗，我們無法對不適合自己的工作，強行賦予意義。

「我要求人們就是要了解，所有工作都是相同的。」莫林說：「在相同的無意義之前，你仍然想從事的工作就是對你有意義的工作。」他的經驗是，多數人領悟到這相當混淆思緒的想法，即一切都是同樣有意義或無意義時，會這麼說：「我認可工作全都一樣，但我還是想要當執行長。」或說：「我仍然想當作家。」也可能表示：「我知道處理駕照的人跟替庭園除草的人，兩者從事的工作一樣有意義，而我只想做其中一種。」

但是，這如何協助我們這些獨自工作者弄清楚什麼才是對我們有意義的工作呢？「如果能看出我們的意義是被自身文化教導出來的，我們（的信念）被教導出哪種工作才有意義，如果能夠盡可能斷開這些想法，那麼對我們真正有意義的工作終究會浮現。」莫林說：「最後，這件事發生在我身上。我喜歡說話，我喜歡寫作，我喜歡幫助人們發揮領導力。我找到了我的角色。不過，其他（使用這種思維方式）的人可能會說：『嗯，我之前決定展開肖像攝影的工作，卻發現到這不是我真正想做的事，我是因為社會化而進入這個工作。我媽媽是攝影師，還有一堆表親以前經常帶我去看時尚秀，社會化使我相信這個工作是有意義的。但現在，我從事這個工作，卻不喜歡它。』」

洞察這件事可能讓人痛苦，但它也具有力量，並且可能讓人解脫。如果你的工作有部分或全部讓你不喜歡，尤其這又是你覺得自己應該要喜歡的工作，那麼知曉為何自己有這樣的感覺，以及有這樣的感覺也沒關係時，可是讓人無比安心。

不要迷失在痛苦的迷霧之中，找不到走出它的明顯道路，現在，你可以開始較為清楚地思考，做出縝密卻或許困難的選擇。有了這樣的洞察，你可以著手改變，未必是「關掉個人工作室開始從事風帆衝浪」這種的巨大改變，但或許可以是改變工作方向，朝向讓你更為滿足的地方。如果無法現在立刻改變，可以著手計畫未來的改變。

十五歲的我受到社會影響，因兩種壓倒性的想法來思考我的未來。在我非常普通的綜合學校，我被教導成相信自己很傑出，不管我接下來做什麼都會很傑出。（有許多理由說明這種想法為何對人有害，而它確實對我非常有害。）

同時，我的父母及其友人不經意地教導我，工作應該是一種公共服務。所以，我十五歲的設想是，我應該從事公共服務的傑出工作。如果我當時能夠抽絲剝繭，了解這層意義不是出自於我，而是來自外在，那麼我可能就不會發現自己在倫敦經濟學院，坐著聆聽基礎政治理論講座的大一第一堂課，然後環顧四周想著：該死，我到底在這裡做什麼？

運氣好的話，我可能還有二十到三十年的工作人生。三十九歲的我，甚至還沒過完一半的職業生涯。我想要能夠為自己的工作做決定，而事實上，我生活的方式是基於我所相信確實有意義的事，而不是文化、社會和家人堆積在我身上的層層意義。

沒有工作是天生就有意義，護理、醫學、慈善工作都沒有。我們無法在對個人沒有意義的工作中，強迫自己找出意義，我想要做個可怕又害怕的醫師；我想要做個悲慘的人權律師。這些工作具有莫大的價值，但擅長並從中得到滿足的人會喜愛他們的工作，而不是忍耐工作，這是無法假裝的。

無法用雙手掌握意義，因為它沒有定性，不是一種東西。它是主觀的，因人而異。對父母有意義的事，和對你有意義的事是不一樣的。對隔壁鄰居有意義的事，對你不具意義。

對我的父母來說，公共服務的工作極為重要。我沒有同樣的感覺，或許是因為我目睹公共服務工作在他們身上所造成的緊張和壓力。我爸爸的工作和被虐待及疏於照顧孩童的兒童保護有關；我媽媽的工作則是關於支持極其弱勢兒童及成人，後來她致力於專題研究，調查受虐及毒癮父母對兒童影響等議題。他們經常接觸到這一切的有害層面，其中的家庭本身可能破碎、混合及毀滅。他們的工作永遠不會是我的有意義工作，可能是因為我看得出它有多麼勞神及令人心痛。然而，我幾乎打從一出生就開始吸收公共服務這個想法。

別人無法告訴我們，對我們有意義的工作是什麼。和知名的紅酒作家維多利亞・摩爾談話時，我碰巧提及自己正在研究這個章節，她說：「我還不知道自己是否已經了解什麼是對我有意義的工作。」而我說：「好意外，因為我一直以為妳……」此時，我了解到自己當下的行為。只因為她擁有一份我欽佩甚至是羡慕多年的工作，只因為她看起來像是幸福成功，而儘管我根本不了解她，卻認定她會覺得她的工作對她有意義。我直接把自己對於有意義工作的想法，強加在她的生活。這真是太愚蠢了，因為我不知道她的內在生活是什麼情況。我怎麼可能知道，對她來說什麼才叫做意義呢？

我無法知道對你有意義的工作是什麼。（要提防那些說他們知道的人。）如果你覺得自己需要了解個人版本的有意義工作，第一件事就是坐下來，自行釐清一直以來你被告知的有意義是什麼，以及真正對你來說的有意義是什麼。

有意義的工作是一種奢侈也是一種權利。不是我們所有人都能夠從事有意義的工作，而有意義的工作甚至不是隨時都讓人感覺充滿目的。有時候，我們做目前的工作，是因為需要錢，所以對許多人來說，永遠不覺得能夠追求有意義的工作。因此，就這角度來說，如果我們的個人工作並非總是讓人覺得有意義，別逼瘋自己。或許，如果可能，我們的目標可以放在有時候感覺有意義的工作。

離開倫敦經濟學院之後的幾年間，我覺得像是除了餐廳服務生的工作，永遠不會有人雇用我。我是在就讀大學的期間，因為打工賺錢，開始這個工作，我非常擅長，最後甚至成為餐廳的助理主管。餐旅事業充滿喜愛自己工作的人，但外場工作卻不是我的有意義工作，這讓它變得艱苦，再加上打掃廁所及工作到凌晨兩點。這工作我做得越久，就越深陷其中。當時（同時加上聯合國及其他每一個國際組織都不要我），這是我的生活中我所擅長並得到讚美之處，不像我那些有如丟進虛空，沒完沒了的工作和實習申請。我很想寫說我終於得到一個聰明的結論，就是我必須離開餐旅工作，去從事我真正喜愛的事，但事實上，卻直到有個資深員工喝醉酒，瘋了似地對我極為粗野無禮，令人作嘔，於是那次值班結束後，我才拒絕回去為他工作。

繃帶扯下來了，但這不是故事的結尾。過了非常長的一段時間，以及攻讀我從未真正派上用場的國際和平安全碩士學位之後，我才放棄了聯合國的想法。經過許多無酬的工作經驗，我最後在一家全國性報紙找到工作，這感覺接近我的有意義工作版本，但仍有部分是因為需要符合早期就學時的期許：我要做了不起的工作，讓大家看到。我現在已從事作家工作超過十五年，自由工作者十一年，但我沒有總是寫我真的在乎的事。我總是在乎寫作本身，在乎做好工作，卻並非總是在乎主題。我苦思這給我的感覺：我知道自己極度幸運，可以獲得報酬來寫稿。有時我真的很不喜歡自己如此不滿足，如此缺乏感激之情。我也不知道身邊人們是否覺得這樣可以忍受。我有很多要學的：有時候，在職業生涯剛開始，必須做一些你不愛的工作，寄望這會通往你愛的工作；要愛上你所從事的工作，可能要花上好幾年；逐漸擅長所從事工作的過程，可能會讓你愛上它；同時，唯有你可以把工作塑造成你想要的樣子。

我花了好幾年才明白，只有我才能幫助我去撰寫自己在乎的主題。這本書比起我以往做過的任何工作都更具意義，因為我希望，它有機會可以幫助人。或許，這讓它終究成了我個人版本的公共服務。

＊

上一章節最後，我提到了亞當．葛蘭特。他在TED播客演說和寫作都極為出色，他談論的是「如何讓你的工作不糟糕」。我不太有資格對他的論點吹毛求疵。畢竟，他是賓州大學華頓商學院的組織心理學家，還有高達三十萬的推特粉絲追蹤，我只是個新聞記者，身上只有一個錯選的碩士學位。不管怎樣，我要開始了。

葛蘭特建議，尋找有意義工作的最佳方式之一是尋找目前工作的意義。乍看之下，我認為這完全正確，而且仍在探求如何找出什麼是有意義的工作。在一定程度上，它的確是。如果你能環顧目前的個人工作，看看讓它對你有意義的層面，那就是偉大的勝利。這是非常值得一試的事，如果改變你的個人工作在財務上及實際狀況上都不可行。例如，如果你正在咬緊牙關撐過不景氣，或是因為現有的責任、帳單及債務讓展開新事業的冒險舉動，可理解地變得太過讓人膽怯而無法考慮。

以我生活中的例子來說：我們夫婦經營了一間攝影工作室，最近我們開始在攝影棚通常空無一人的週末，邀請原本承擔不起整日攝影棚費用的當地業者，像是花藝師或攝影師，前來免費使用幾小時。（他們會在幾個社群媒體張貼攝影工作室的訊息做為回報。）我不知道這對我關於攝影工作室的感覺會有怎樣深遠的影響。擁有攝影工作室其實是史蒂夫的夢想，但經過大約一年的獨自經營，他顯然需要協助，而我擁有可能提供助益的技能。不過，直到最近，即使它為我們的家庭賺錢，我對它還是沒有特別的聯繫感。真要說實話，我有時還憎恨管理它的時間剝奪了我自己的工作時間。只是現在，我們讓當地社區有機會從事他們在別的地方可能負擔不起的活動，這讓他們快樂，也令我快樂。

葛蘭特說得沒錯。如果可以找到當前工作的意義，真的可以提升你對它的感受。要做到這一點，拿著筆和紙坐下來（更好的是再找來一個你尊敬對方的觀點，卻又沒有親密到會因為意見歧異而傷害到彼此的人），然後思考你感覺最棒的個人工作層面。不是你做得最好，而是讓你感覺最好的方面。這不必是服務他人的事，儘管它們可能直接或間接如此。做出清單，然後檢視這些活動或技能是否有一、兩項（如果你有那些多的話）可以轉變成你工作生活中較大的部分。放在職場員工身上時，這種過程稱為「工作塑形」（job-crafting），這是艾美・沃茲涅夫斯基、賈斯汀・M・柏格和珍・E・杜頓在二〇〇〇年初期闡述的過程和理論。他們建議的工具對尋求更多工作意義的獨自工作者來說，也一樣適用。

他們把工作塑形分成三部分，我在這裡簡單陳述一下。首先，重點是放在差事上，什麼差事你能夠多做或少做，以便讓你的工作更討人喜歡？所以想要從事更多活動管理的公關顧問自由工作者，可以找尋正要推出新產品而需要派對的客戶。想要做更多道具樣式供拍照使用的背景搭建師，可以對更有經驗的造型師毛遂自薦當助手，以開始建立作品集。或者，你可以改變從事某些差事的方法，可以設計較有效率的體系來完成你覺得冗長乏味的事務，或是外包出去、批量處理（同一時間進行最不喜歡的差事，這樣它們就不會始終縈繞著你）。十年前找到外包請款單工作的做法看似一個小舉動，卻徹底改變了我看待工作的方式。我發現請款和追款都讓人難以忍受，每天都困擾著我。藉由改變這項差事，我整個工作就變得更有意義和令人愉快。

他們接下來建議思考的事情是，工作中發展出來的人際關係。能否把其中最有價值的幾個關係，變成更深厚的關係？或是你可以跟技術上比你年輕或比較沒經驗的人，創造出一種導師般的關係？你能否更加善用其中一些關係，不是假裝或剝削，來協助你把職業移往你想要的方向？

最後，他們重新提及在當前工作找尋意義的葛蘭特策略，藉由找尋和強調好的方面，重新架構我們思考自己工作的方式。只是，這有點像雞生蛋般的因果難定，有意識地塑造你的工作，幾乎確定有助於你改變對它的思考方式。

儘管工作塑形理論是設計用來協助組織裡的人，但獨自工作者可說是置身在更適合從事塑形的地方。不是說我們的工作生活完全沒有限制，而是對我們多數人來說，都沒有處於被既存的組織架構或堅定不移的資深經理包圍之中。

然而，工作塑形需要一定的時間、相當程度的堅持和合適的環境。不是所有獨自工作者都能夠以這種方式找到意義。有時，儘管盡了全力，還是感覺不可能找到某個工作的意義。葛蘭特的建議或許對大部分的人有幫助，但我認為它增加了三個潛在的棘手問題，所以我寫了電子郵件給他。

首先，我詢問他如果我在自己現今的工作找不到意義，我是不是就是失敗了？我是否應該越來越努力尋找，即使我已經非常難受了？「不！」他寫道：「就我十五年來收集的數據，缺乏意義很少是由於個人的失敗，這是工作設計或組織領導力的失敗……如果一個工作對他人沒有重大影響，工作者和其工作的受益者甚少接觸，或是主管未能明確表達其工作的目的，就很難找到它的意義。」

公平地說，葛蘭特的焦點不是著重在獨自工作者，而是在於組織，他不是真的在對獨自工作族說話。大部分的組織包括主管，而許多獨自工作族沒有直接主管。儘管如此，葛蘭特的重點仍在：既然我們許多人實際上就是自己的主管，或許對我們的工作「表達目的」，讓自己和我們工作的受益者保持聯繫，是由我們而定。就像如果感覺自己在孤獨中所做的事，對他人沒有好處，孤獨就可能轉變成寂寞一樣，如果沒有感受到自己的工作怎樣改善他人的生活，工作也可能讓人感覺沒有意義。回想雅麗珊卓．達里斯庫在聽眾離開演奏會場時和他們握手，她行為上的改變很小，也不需要她的工作日常有所變化，但這深深改變了她對工作的感覺，因為這給了她目的和聯繫。

但是，找尋對我沒意義的工作中的意義，是否只是一種把我困在現狀的方式？「我會說，這視個人及狀況而定。」他回答：「如果體驗工作的使命感對你很重要，你可能會想要找尋它。如果你比較滿足於視工作為一種職務，那麼很有可能你對意義的感受會來自你生活中的其他領域。」意義不見得來自我們所做的工作，所以是否想要追求它，全看個人而定。雖然理想情況下，絕對沒有人應該經歷這件事的陰暗面，這種情況下，他們會設法說服自己某件討厭的工作還是有意義的，只因為它達成像是付帳單或留下小孩未來大學教育資金等有意義的事。我們必須小心謹慎，別欺騙自己在沒有意義的地方找尋意義。

我最後問葛蘭特的問題是：我是否應該無止盡地換工作，期待有朝一日能找到對我有意義的工作？「如果人們缺乏意義，從工作塑形的微小舉動開始可能更有道理。你可以成為個人工作的建築師，藉由調整差事和互動來創造更多意義。」

我們全都認識那種永無止盡、不斷長期追求，想要找尋完美工作的人，而我想可能就是在這裡，當提及意義時，情況便變得有點複雜。儘管困在沒意義的工作之中很可怕，而從未在一個工作待上足夠時間以發現它能否有意義，也同樣可怕。

如果你很幸運，已找到有意義的工作，這是一種成就，但對我們許多人來說，找到有意義的工作是關於結合努力找出合適的工作，然後塑造這個工作讓它盡可能密切符合我們的需求；這樣的過程可能會花上一段時間。太拚命、太快速追求意義，可能跟完全找不到任何意義一樣具有破壞性。這可能表示，我們有時需要安於某種意義。

熱情的問題

你認為有多少次你聽到別人說，他們對本身的工作和職務充滿熱情？每當我聽到，就覺得有些顫抖。而因為我和許多主廚共事，便時常聽到，對他們而言，熱情就跟刀法一樣必修。工作中，有一種熱情的風尚。不過，對工作抱持熱情這種說法，卻顯示對這個字詞的一種扭曲理解。（牛津英語字典對它的第一個定義是「幾乎無法控制的強烈情緒」，其他則是「強烈情緒的一種狀態或爆發」，以及「激烈的性愛」，這可不太適合辦公室。）至於從職業生涯中完好存活下來的角度呢？這有礙健康。就像忙碌和超時工作，我們不假思索把熱情這種想法納入現代對於工作看法的核心：找出你的熱情！追隨你的熱情！發現你的熱情，然後找到人為此付你錢！

嗯，不，我可不。事實上，我對寫作、對新聞工作、對這本書，或對於撰寫美食（這是我工作的一大部分）都沒有熱情，而是深愛這一切。我對自己的工作深感興趣，非常想要做好它。我知道自己從事這個工作有多幸運，但這不是我的熱情，我並不痴迷。其實，我甚至不知道自己的熱情為何，也不認為自己擁有。而這百分百，完完全全、徹徹底底正常。但聽起來不像，對吧？因為我們已被導向相信成功人士是追隨他們的熱情，因此，兩者永遠在一起。

其實不然，有些成功人士極度強烈地熱中工作（這麼說的時候，聽起來並不有趣），但其他許許多多的人也一樣非常擅長自己的工作。他們也夠喜歡工作，從中找到足夠的意義和目的，能夠繼續堅持做下去，直到對於所做的一切都非常擅長。如此下去，他們可能也會對它產生熱情，但許多人在童年時並未夢想自己後來的職業會是什麼樣貌。能夠從事兒時夢想工作的情況很少見，也應該是這樣。我長大想成為美髮師或修理技工。工作專家卡爾．紐波特（Cal Newport）曾寫了整整一本《深度職場力》，來討論為何在追隨熱情之前，先追求他所謂的專精，將會帶來一個更快樂、更令人滿意的工作人生。而安琪拉．達克沃斯等其他作家則指出，發現自己的熱情可能需要許多年。我認為這幾乎是相同的事，因為兩者都是關於真的花時間來非常擅長一件事。當學會非常擅長一件事，不管那是什麼，我們往往會對它產生深厚情感及聯繫。如果你想稱它為熱情，那也沒問題。（事實上，在學術文獻中，這被稱為和諧性熱情。）

從一開始就相信自己應該有個熱情所在，並且追隨它，為此得到酬勞，這會造成一團混亂的思緒霧霾。要是你，就像我及大部分的人一樣沒有熱情呢？要是熱情所在（溜冰、法國號、油畫）是你樂在其中，卻不擅長的事物呢？要是無法藉此賴以維生呢？要是你不想因為把熱情所在拖進工作人生而毀掉你的熱情呢？

認為自己應該追隨熱情，可能會讓你進入職業的死胡同；而沒有熱情所在，可能會讓你覺得像是失敗者，像是錯失了什麼。

並非如此，事實上，對自己工作保有恰當熱情的人，反倒可能處於劣勢。如果被認為對自己的工作抱持熱情，工作時就比較可能被剝削。這讓人覺得大可以要求你加班及週末工作，承擔低下或不屬於你職務範圍的差事，以及無償工作。（可以在杜克大學研究人員的八大研究評論中發現這個現象。）處於可被剝削的狀態，對任何獨自工作族都沒有好處。

那些說自己充滿熱情的廚師預期、也被預期要經歷各種職業中最為艱苦的一些工作時刻，他們經常處於高熱、無窗，偶爾甚至是危險的環境之中。逾半數的人回報因為過勞而抑鬱，四分之一表示他們喝酒以撐過輪班時間。這些狀況並非沒有關聯，認為自己對工作抱持熱情，模糊了工作和不工作之間的界線。如果你如此熱愛工作，或是因為別人都是這樣，你也表現得像是如此，那麼，為什麼你需要休息？你為何不願意加班？這是你的熱情所在，這根本不是工作！

在這種情況下，出現過勞狀況。在受目的驅策的工作（也就是有意義的工作）之中，少數的不利之處之一是，這比較容易讓人過勞，因為它鼓舞了所謂的強迫性熱情（即和諧性熱情的學術反義字）浮現到表面。當我們強烈認同自己的工作到無法找到區分彼此的界線（就像湯瑪斯．博洛頓創立 Cubbitts 的時候），就會導致壓力逐漸增加，恢復能力減少，整體幸福感減低更多，增加可能改變職業的過勞，以及抑鬱、焦慮和失眠等心理健康的問題。越是受使命感驅策的行業，最後過勞可能嚴重到導致自殺的風險就越高，醫學界是自殺率最高的行業。

頌揚工作熱情不只是語源上的荒謬，同時也極為危險。

第5章 超時工作的問題

關於工作，有一個潛伏的想法，即：你只等同於你的工作時間。這不是事實，而且有害，卻一直存在。我們不是非得要工作這麼辛苦及這麼長的時間，我們被推銷了謊言。

過勞會損害我們的表現、專長及創造性思考的能力，這樣的體會對於充分利用個人工作生活，至關重要。我們是怎麼出現超時工作等同於我們工作評價的狀況？了解這個想法是如何在過去幾世紀擠進人類生活的中心，將有助於你放開這想法本身。如此一來，你對工作比較不會感到壓力和恐慌，而能夠在較少的時間內完成所有需要做的工作。實際的解決方案在本書後半，但在想出脫身的方法之前，我們首先要知道怎麼會出現這種狀況。

有時，我幾乎可以感覺到時間有如沙子匆匆滑落指間，使得我的喉嚨湧現一股恐慌感。而其他時候，它又緩慢到成了一種逃不了的爬行狀態。時間，是滑溜的魚兒。但不滑溜的有兩件事：以花費在工作的時間來衡量生產力，是一種可怕方法；過度長時間工作對你有害，超時工作不該是榮譽徽章。

二〇一七年一項哈佛研究顯示，缺乏休閒時間現在成了一種社會地位的象徵，用來誇耀於社群媒體，尤其當現今以擁有大量昂貴物品做為炫耀財富和地位的方式，已沒那麼對人胃口的時候。研究人員發現，反映高度忙碌的社群媒體虛構貼文讓人們認為，其背後虛構人物的社會地位比休閒相關編造貼文的背後人物，社會地位較高、較富有，也比較可能受到雇主的需要。如同作者安納特．基南所說：「提到傳統炫耀性消費時，這裡指的是消費珠寶、金錢和汽車等罕見和高價物品。但新的炫耀性消費卻是關於說到，我是罕見資源，所以我很有價值。」或許，這說明了針對想做菜卻沒時間計量佐料的備餐美食外送，以及七分鐘運動訓練等傳播忙碌的產品和服務，為何如此受歡迎的原因。我們不只想節省時間，也因為它賦予的社會地位，想要顯得忙碌。

如同商業及領導力專家、企業家及TED主講人（一千一百萬次觀看次數）瑪格麗特．赫弗南對我說的，她觀察到，我們對於工作時間的過度投入狀況不見好轉。「真要說，還惡化了。和我共事的投資者每天都工作到很晚，星期天則用來準備下星期會出現的混亂屎尿風暴。我認為這就是現在心理健康問題激增的原因：大家現在都工作到太晚、太拚命、時間太長，又承受太多壓力。他們無法思考，卻還坐在辦公室。我認為這對於自由工作者，以及擁有表面上較穩定工作的人來說，都一樣有害。科學指出，更多時間並不等同於更多生產力。從來不曾，未來也不會。大腦是一種用來思考的身體工具，就跟身體其他所有部位一樣：它會累，也會疲乏。」

里斯本大學在二〇一七年所進行的研究指示，超時工作（定義是一星期工作超過四十八小時）和隨後而至的睡眠不足及睡眠失調，具有明顯關係。另一份追蹤兩千名英國公務員五年的研究揭露，超時工作（定義是一天工作十一小時）導致重鬱症發作增加二點五倍，即使對象是在研究開始時沒有健康問題的人。有三分之一的人定義超時工作是一星期工作超過四十小時，並且顯現關於抑鬱、焦慮、睡眠問題和心臟疾病，以及「多數健康結果上的顯著不良反應」等問題。這在日本和南韓成了重大問題，甚至有一個名詞用來表示因工作過度而突然死亡：過勞死。

身為獨自工作者，過勞的風險遠遠增加，因為，比起組織裡的員工，你比較不會遇上太大的阻攔，除非有個極具說服力的伴侶或同居者。組織裡的員工超時工作（但願）會被注意到，並（但願）會受到管理。對受雇者及自營者兩者來說，由於智慧手機使我們現今置身隨時待命的文化，這極度模糊了工作和不工作之間的分界，如果你坐在沙發看著電視一邊回電子郵件，那麼大腦就仍處於工作狀態；如果坐在孩子遊樂場的長凳管理社群媒體行銷，大腦也仍在工作；如果你在星期天吃早午餐或搭計程車去吃晚餐的途中，回覆客戶的 WhatsApps，大腦還是在工作。

在二〇一七年，零工網站 Fiverr 的廣告宣傳同時激怒又激勵了評論者。在「＃我們信任行動家」的眾多宣傳主張之一是：「你喝咖啡當午餐，對堅持貫徹的事情貫徹到底，睡眠剝奪是你的首選藥物，那你可能就是行動家。」這些句子醒目刊登在僅一名女性入鏡的海報上，而就一個應該睡眠不足的人來說，那名女子的模樣又太好了。有些評論者認為它無疑是在推崇拚命工作：繼續勤奮工作！不計一切代價！工作未完成，現實生活沒時間！一路喝咖啡！

如果你還沒注意到，提醒你，我不是這樣的評論者。這讓我和其他許多人感覺自己像是住在以工作為中心的反烏托邦；此外，附隨的廣告影片中，Fiverr 零工工作者在夜店的洗手間隔間進行視訊會議，而可怕的鐮刀死神實際潛行在後（Fiverr 要我們忽視他），更是無濟於事。各種不健康的行為，離可能在睡眠中死亡只有一小步之遙。這是極端的例子，但是 Fiverr 目前的行銷繼續強調，如果你是商務人士，就沒有時間做任何事，尤其是不會跟真實人們面談工作。當「工作太多，時間太少」成了線上吼貓迷因（Meme），而且還可以買到裝飾這句標語的鉛筆盒，我想我們已經來到工作文化的一個危險時刻。

過勞不只有礙健康，也讓我們智力變差，工作狀況變糟，然後來到終極的悖論狀態：生產力減低，有時甚至損壞我們已完成的工作。過勞可能造成行為科學家稱為的「隧道效應」（tunnelling）現象。深信時間不足，工作卻永無止盡，我們感到恐慌、忙亂及狂躁。當這樣的感覺持續，也時常如此的時候，我們就進入心理隧道，心中只會想到手邊最近的差事。這些差事往往不是讓我們能夠走出隧道，或避免日後隧道再次包圍我們的工作；而通常是我們可以迅速撲滅的火勢，可以從清單上勾除的輕鬆工作。布里吉德．舒爾特是智庫「美好生活實驗室」管理者，並以《不勝負荷》（*Overwhelmed*）一書成為紐約時報暢銷書榜作家。如她所說：「就彷彿置身隧道，視野變得狹窄，恐慌到只能看到正前方的事物。這往往是低價值的工作，像是『哦，我得看完我的收件匣』。這讓你無法稍事喘息，無法往後退思考更宏大的藍圖及長期策略；並使你一直留在隧道，思考及進行小事。獨自工作時，這可能造成你絕對無法憑自己一人之力成功。儘管像是違反直覺，但若是真想要讓個人創業繼續存活，那真正需要的是，創造空間以便走出隧道。」

在我們正前方的事物很少具有創造性，很少規模宏大，很少能超出最近的未來。它們幾乎永遠無法解決真正的問題，即使你看起來像是在解決多重的迫切小問題。（這就是為什麼我認為看完收件匣是毫無意義的追求，因為這是低價值的項目，對你的工作沒增加太多實質內容，但它讓我們覺得有掌控力，是我們可以輕鬆提水澆熄的火勢。）一旦進入這種心理隧道，就很難讓我們遠離工作、換檔變速並呼吸新鮮空氣，這感覺太可怕，感覺太壓迫。缺乏效率的情況下，只有身體到場，工作還是做不完。我們工作到更晚，如果無法持續工作，就會更加憂慮。而隔天又在補做昨天的事，隧道於是再度逼近。

這對我是個問題。我甚至數不清有多少日子，我理論上是在做稿子，卻在害怕和恐慌之中，把下午四點前的所有時間耗費在毫無意義及狂亂回覆電子郵件、接聽手機來電、輾轉各個差事，同時感覺日子失控地流逝，最後在必須離開去接小孩前，留下無用的五十五分鐘。這不是拖延，也不是逃避。雖然我是可以拖延，而且老實說，這樣輕鬆多了。儘管我心跳急促，卻總是覺得我的腦袋已完全慢了下來。

現在，我知道這正是「隧道效應」的關係。森迪爾・穆蘭納珊和埃爾達・夏菲爾在其著作《匱乏經濟學：為什麼擁有的老是比想要的少？》指出，置身隧道的心理狀態用掉太多他們所謂的心智頻寬，使得我們明顯減少十三或十四分的智商。這個數字極大，足以讓你轉換一個等級，從普通提升到傑出，或是下行。他們表示，把時間當成一種稀有商品，並覺得需要更多時間來完成工作，會讓我們的工作更難進行。這種感覺讓我們解決問題的能力下降，並且削弱我們的耐心、容忍度、注意力及集中力。這些影響不只局限在工作方面，事實上，只要我們感覺匱乏，它們就會出現。對我們心智頻寬會造成同樣結果的包括：感受到飲食短缺（研究顯示，節食中的人會降低心智容量，因為他們的頻寬都用在思考食物不足），以及財務匱乏（我不知道是否真的需要研究報告來告訴我們，財務匱乏會造成怎樣的認知傷害，但的確有很多研究），甚至是聽覺不足（坐在高噪音鐵路經過的教室，而用掉聽覺頻寬的孩子，落後同儕整整一年）。匱乏是一種非常奇特的干擾作用，對於獨自工作者有著驚人的深遠影響。（我們會在第十六章和第十七章再度討論。）

在二〇一八年，蓋洛普調查發現，百分之八十的美國工作者感覺「時間永遠不夠」。這是令人擔憂的發現，因為感覺時間充裕和心理幸福感提高，並且降低離婚與肥胖等狀態，有直接關聯。實際上，倫敦商學院蘿拉．葛吉和哈佛商學院艾希莉．威蘭斯的論文指出，「在塑造人類福祉上，時間匱乏可能和物質匱乏一樣重要」。同樣令人擔憂的是，探討德國創業家和自由工作者時間匱乏的一份罕見論文發現，獨自工作者比傳統受雇者更容易時間不足。

而這一切最怪異的是，實際上時間充裕（及經常金錢充裕）的人卻感覺時間不足。理論上，在相對富裕的各地人們之中，我們的休閒時間在近五十年中倍增，來到一星期八到九小時。但是，我們感覺不到它，如同商品理論解釋了一部分，儘管有更多的時間，感覺卻像是較少；而時間感覺不足，是因為如果把時間用來工作可以有所進帳。收入讓我們對時間採用了一種具體價值，比起薪水族，獨自工作者的工作方式往往意味著這種狀況更強烈真實（按時計薪的人也會有深切感受）。對人類來說，珍貴的東西感覺稀少。而匱乏用掉了我們的心智頻寬，這讓我們生產力降低，也較不快樂。

同樣的研究顯示，最快樂的人是感覺時間最為充裕的人，他們可以超越商品理論：不是把金錢用來為自己換取時間（像是付費把不喜歡花時間去做的事外包出去），就是主動選擇少賺來減少工作時間，只是每個人顯然都有需要賺得的最低限度，不可能低於此。重視時間勝過時間所能賺到的金錢的人，還有其他增進幸福的共同特質：他們比較隨和，同時對獨自工作者重要的是，他們也偏向選擇工作本質上的回報，而不是追求高薪。

這是一個驚人的事實，卻經過反覆證實：我們確實是工作較少時，成果較多。（的確如此，這是方洙正的精采著作《用心休息》的副標題及中心主旨。）一個又一個的研究顯示，限制工作時數提升了生產力，其中最知名的是永久守護公司所進行的一週工作四天的實驗。永久守護是紐西蘭一家遺囑、信託及資產管理公司，他們後來不只把一週工作四天做為永久政策，也設立了一個非營利性質的 4DayWeek.com，以協助其他公司一起縮減工時。

那麼可以這麼推斷嗎？如果較少工時意味較高生產力，較長工時是否意味較低生產力？的確看似如此，尤其是在一段較長的時間裡。OECD（經濟合作暨發展組織）的資料提供了一些線索：在歐洲，希臘勞工的工時幾乎最多，大約一年有兩千小時；相較之下，德國勞工是一千四百小時。但是，德國的生產力較希臘高百分之七十。顯然，其中有許多和工時無關的原因，但它的確為工時較多不見得帶來較多成果的這個看法，增加了分量。即使亞當．斯密在一七七六年立著時，也提及了此事：「我相信，各行各業中將會發現，工作適度以便能夠經常工作的人，不只最能長久保持健康，而且一年下來，也完成最多工作。」

我和鄭喜貞的對話中，大量提及這個觀點，最後我寫下了成千上萬的文字稿。她是肯特大學社會學及社會政策的講師，專業包括彈性工作時間和工作生活的平衡，並以不同國家的狀況進行比較。「我所發現的是，荷蘭或丹麥等國家的全體人口工時極少，卻擁有最高的生產力。」她告訴我：「然而，放眼工作時間極長的美國和韓國，他們的每小時生產力卻很低。」

在知識型經濟中，個人生產力極難衡量，所以很難絕對肯定地說，超時工作時間一久，一定會對個人生產力造成影響。不過，約翰．潘凱維爾二〇一四和二〇一六在史丹福大學所做的研究卻很有說服力。他發現，在其調查的工作者中，一星期工作四十八小時（一週工作六天，一天八小時）的工作產量，確實比一星期工作七十小時（一週工作七天，一天十小時）來得高。

我們來拆解分析一下：一星期額外二十二小時的工時結果是，絕對沒有提高生產力。耗費在工作上完全無意義的二十二小時；或以潘凱維爾的說法，比一週工作六天少了百分之十的產量。這顯示，額外辛勤工作不僅讓生產力持平，事實上還會讓它降低，讓它倒退。額外的二十二小時驅使生產力下降，不是因為工作者搗毀先前完成的一切，而是因為他們實在精疲力竭，幾乎無法工作。

他的研究同時強調，影響會累積，而且遠遠超過只是超時工作的那一星期：超時工作週會繼續波及損害兩星期後的生產力。

較久遠的一九五〇年代一項研究，也支持潘凱維爾的論點。伊利諾理工學院的研究披露，超時工作對科學家有著奇怪的影響，出現一種M形生產力圖表：生產力高峰在一週十到二十小時（十小時！這不是打錯字！）接著就一星期工作三十五小時的人來說，則降至高峰的一半，然後在科學家一星期工作五十小時的情況下，再度攀升，最後在逼近一星期六十小時的時候，則有如落石急遽下降。研究對象中，一星期工作六十小時的人生產力最差。（方洙正在其著作《用心休息》指出，大部分的人，包括天才及高成就者在內，無法也不該進行超過一天四小時或一星期二十小時的深度工作。）

超時工作除了對生產力和身心健康造成影響，其他顯著的副作用包括比較無法判斷他人的想法，尤其是在非語言交流下；此外，我們做決定的能力也會在疲憊時破底。這部分是因為疲倦，部分是因為超時工作無法給予我們從工作恢復身心的足夠時間，剝奪我們睡眠的機會，阻礙休息或社交生活。（在英國，法律規定受雇者需要有恢復時間，兩個輪班之間需要相隔十一小時。）

此外，還比較容易犯錯。如鄭喜貞所說：「許多研究顯示，經過一定時間之後，不只會對生產力，並且對整體表現都會產生負面影響。時常引用的例子是，（因為工時過長而失誤的）醫師可能會造成非常嚴重的後果。即使是（過勞的）程式設計師，看到錯誤發生，要花大量的時間去找出修正，倒不如完全不犯錯。」還有許多證據指出，處於超時工作也比較頻繁和嚴重傷害到自己，這一點對我們所有人都非常重要，但如果個人工作本身就比較有風險（像是園藝、駕駛、烹飪、樹藝、木工），關係就更加密切。

＊

一個人一星期應該正式工作幾小時，一直是各個世代的問題，但直到最近才成為和心理健康及生產力有關的對話。隨著工業革命席捲全世界，從十八世紀以來，數以百萬計的人緩慢卻必然地融入辛苦且往往費力的重複工作；而隨著半自動化及可靠明亮的人工照明問世，意指在歷史上首次，工作不再需要天黑時停下。

在過去六千年裡，照明仰賴相當昏暗的煤油燈和蠟燭，而儘管有捕魚和經營旅店等夜間工作，多數人還是在鄉間及農作環境中生活及工作，日出而作，日落而息。在中世紀後期或現代早期，即使住在城鎮及城市的人，仍舊多半從事農業或和鄉村行業、鄉村經濟及季節有密切關係的工作。只有在大型城市或港口，像是一五五〇年歐洲最大城市中心的巴黎，因為有三十五萬個居民，才找得到更多樣的行業，像是書籍印刷或染布。即使在繁忙的巴黎，有著深夜的旅舍、歌舞表演及妓院，其夜間街道仍是出了名的黑暗及危險，行走在黑暗中，意味要手持火炬或雇人替你執掌。

但在十八世紀後期，日內瓦發明家艾梅·阿爾岡創造了亮度增強的煤油燈，而且可以燃燒長達十六小時。而同時期蘇格蘭的威廉·默多克則致力發明煤氣燈。在十九世紀前十年，漢弗里·戴維創造了第一盞電弧燈；到了該世紀末，白熾燈和日光燈開始照亮街道、住家和工作場所。

工作生態徹底改變。過去大部分的人依季節而作，夏天工作時間較長，冬天較短；現在工廠和辦公室如果想要，可以運作一整晚。可別假裝前工業時期的生活是發生在鄉村牧歌之中：鄉間高度貧困，許多家庭尤其是婦女需要從事眾多我們現今視為無償的額外工作，例如畜養動物和種植食物，以維持溫飽，同時更被有錢雇主長期剝削進行家務工作。即使在只能憑藉燭光工作時，人們已經過勞。工業革命不是一種明確的壞事，但在許多方面（霧霾、貧民窟、童工、水污染、近距離傳染病、自由資本主義）以及對許多人來說，它讓生活更加惡劣。

對部分勞工而言，幾乎沒有工作以外的生活，男人、女人和孩童如飛蛾般被吸引到城市的工廠工作，這往往一天持續十二到十四小時，極少放假。立法透露了內情：英國在一八〇二年立法禁止兒童在濟貧工廠和紡織廠一天工作超過十二小時，但這條法律幾乎未曾執行。在一八三三年則訂立了一條稍稍較為成功的法律，限制十到十三歲勞工一星期最多工作四十八小時；而十四到十八歲勞工則是一星期最多六十九小時。即使星期天也不保證放假，在一八三〇年代的法國，天主教已不再是國教，勞工預期要一星期工作七天；而直到一九〇六年，規定星期天休假才重回立法行列。不久之後，大部分的工作場所都採用了工廠式的工作時數，這表示文書員工也一樣容易出現過勞。

從整個十九世紀到進入二十世紀，工業化國家勞工運動都頑強地對抗可怕的工作時數和條件，迫切希望能夠改為一天八小時或一週四十小時。早期的採納者包括芬蘭、烏拉圭和美國，最初是一些個人行業，接著是整個業界，最後政府在一九二〇年的前幾年採用了限制工時。（我的祖國英國比較不開明，直到一九九八年才訂立這條仍受爭議的工時準則，限制一星期工時在非常長的四十八小時。除了一些高風險職業，只要一個簽名，任何勞工都可以選擇不參與工時準則，或被迫選擇不參與。）

在一九三〇年代，英國平均工時仍是令人精疲力竭的四十八小時，但這並未阻擋具影響力的劍橋經濟學者凱因斯提出一個相當激進及新奇的想法。在其知名文章〈論我們後代的經濟前景〉中主張，隨著科技（尤其是在農業、礦業和製造業中）增加了速度和產能，未來的經濟只需要一星期工作十五小時。他認為，從他一九三〇年寫下文章的一百年後，以「四分之一的人力」生產出三〇年代所製造的一切是可行的。

凱因斯可能是二十世紀最重要的經濟學家，他在兩次世界大戰那段不確定、混亂及經濟不穩定的時期寫作。他提出了這個預言，即使他是出生在一八八〇年代，當時英國人一星期工時是令人震撼的五十六小時（卻仍比大部分歐洲及美國少）。隨著二〇三〇年的腳步接近，卻不見凱因斯休閒的黃金年代到來，不過目前的每週工時已有所改善，英國是三十七點五小時，美國是三十四，墨西哥則是較高的四十三小時。（墨西哥、哥斯大黎加和南韓目前是ＯＥＣＤ中，工作時數最高的國家行列。）

許多經濟學、地緣政治學及哲學論點被提出來說明，雖然科技進步到凱因斯絕無可能預見的程度，為何他的願景卻始終沒有展現。而對我來說，大部分原因出自我們對於工作道德的看法。不管我們本身是否信教，但大多生活在深植猶太教、基督教及伊斯蘭教的社會之中。對這三種宗教（及其他許多宗教）來說，工作本身是一種崇敬的行為。工作就是善用神賜的天賦，工作是高貴且有意義的。

工作的崇高性有如一條線貫穿了每一個信仰體系，對此尤其強調的是清教徒和喀爾文教派，他們後來逃離了歐洲，定居在日後成為美國的地方，並實踐相當極端的新教版本。對十六世紀神學家喀爾文來說，繁榮興盛是其中一種可能（及相當複雜的）跡象，顯示你是上帝選民且會在死後上天堂（而其他人則沉淪）。不難發現，隨著美國經濟發展，這樣的哲學觀念跟著滲入其社會之中。換句話說，新教的職業道德、成為宗教中心的努力工作和成功，並不只限於喀爾文基督徒，儘管這需要對新約聖經中的許多條文，進行一些創造性新解；扭曲伊甸園的故事，改為亞當和夏娃被判處勞動和工作，以懲罰其偷吃蘋果的罪惡。（這後來被賦予新用途，做為工作實為神聖的證據。）

我自己的家族成員經常談論他們的新教徒工作倫理，儘管有兩代無神論者，一邊是放棄基督教的祖父母，另一邊是涉及二十世紀早期共產主義的另一個祖母。在喀爾文立著之後的四百年，他的觀念仍有著深遠影響：最近一項研究顯示，新教國家的失業者較非新教國家失業者，承受更嚴重的心理憂慮，學者因此定論，新教的職業道德依舊活躍存在，並且對沒有工作可做的人造成痛苦。

我們仍受制於此。我是無神論者，在青少年時期和振臂高呼的福音派基督教有過短暫交往（比大量嗑藥好多了，但也只是稍好），而我也曾經研究宗教好幾年。我看得出其中埋藏著我自己對於工作、對於工作價值，以及對於重視成為有工作有貢獻的社會成員等觀念，儘管我甚至不信任產生這些觀念的體制。我目前仍舊深陷其中，因為在我們現今的生活方式中，普遍存在一種看法，辛勤工作仍是不容置疑的美德。我們神化努力工作，讚美努力工作者。我們的職業道德不再和宗教組織有太大關係，教徒數目或許逐漸減少當中，但提到工作時，我們卻堅守著非常獨特的信條。

我知道自己正走在一條困難的路線上。對於我們大多數人來說，工作是基本。工作是有意義的，這更為重要，因為工作是生活不可或缺的一部分。我們無法逃避工作，也不該如此。我們可能都認識出自各種原因而不需要工作或無法工作的人，而他們往往看起來不像是過著充實人生，即使是、尤其是繼承大量財富而永遠不用工作的人。（我有幾個超級有錢的朋友，結果發現，當人生幾乎什麼都可以做的時候，卻多半什麼都不做，而且對此並不快樂。）

工作可以是有尊嚴的，工作可以是高貴的，但我認為我們把這些觀念看得太過深遠，使得工作優先，以及認為我們本身是一種獨特的工作者等想法，如泡沫般膨脹，幾乎充滿了我們生活的每一個部分。

凱因斯的論文是挑戰了自由資本主義和維多利亞時代基督教的雙螺旋；驅使他的是一種更深刻的道德觀點，源自經濟而不是宗教。他觀察到歐美過去四百年所實踐的宗教已創造出一種道德框架，在其中「我們把人類一些最令人反感的特質提升到最高美德的地位」，不過，他在較古老的前基督教社會中，也發現了同樣天性的蹤跡，他說是囤積和貪婪。（事實上，他對於古老宗教的批評，尤其是針對猶太教的部分，現今讀起來令人感到不愉快。）

凱因斯悲嘆：「我們已被訓練多時，要努力奮鬥，不去享受。」這句話的另一種版本高掛在世界各地的住家、學校、辦公室，成了一個受歡迎的平面藝術：「努力工作，善待他人。」

凱因斯的狂放想法悍然違抗了已至少四百年的工作導向、喀爾文色彩的基督教，以及數百年較保守且階層分明的猶太基督教。然而，結果發現，他並不是第一個提出一星期工作十五小時的人。要找到第一個發明者，必須逃離新教徒職業道德所及之處，再回溯更久以前的時代。在凱因斯寫下〈經濟前景〉一文的三十年後，也是他辭世的二十二年後，人類學家開始發表眾多論文，提及前工業時代，或許更重要的是，前聖經時代，狩獵採集者早在農業建立、工業革命、勞工運動及工時準則出現前，便已確立一星期工作十五小時。

首先是人類學家理查德．李在一九六八年發表的論文，他在文中檢視了非洲波札那的科桑族（!Kung Bushmen）生活。「整體來說，多比營地的成年人一星期大約工作兩天半。」李寫道：「因為平均工作日的工時大約六小時，這表示儘管環境嚴苛，多比營地的科桑人一星期仍只付出十二到十九小時來獲取食物。該營地的歐瑪是當中工作最辛勤的人，即使是他，二十八天中也只外出狩獵十六天，一星期最多花三十二小時來尋找食物。」

隨後是馬歇爾．薩林斯在一九七〇年代所撰寫的幾份耗費時日的研究，他研究納米比亞和波札那的朱霍安西族，發現其反映了李的研究結果，同時發現朱霍安西人積極及愉快地把較長的休閒時間，花費在手工藝、社交及音樂上。這項研究是針對現存的狩獵採集社會，但根據一九九〇年代就開始研究朱霍安西族的人類學家詹姆斯·舒茲曼的說法，有強烈的基因和考古學證據顯示，朱霍安西族保持大致相同的生活方式，已至少四萬五千年，或許更長達九萬年。舒茲曼認為，這意味他們的文化比希臘、羅馬和馬雅文化明顯持久且更為成功，同時也當然比我們的工業及後工業者存在更久。

狩獵採集社群的工作時間不會惡劣地漫長。在出現危機或饑荒時期，他們可能必須極度拚命地工作，但顧及他們沒有儲存食物的選項，一般而言，他們只是工作到夠吃，就停下來，改做別的事。

為什麼狩獵採集者對獨自工作者有重要意義呢？因為我們的行為表現像是，是人類就要工作。但果真如此嗎？就解剖學觀點，現代人首先出現在大約三十萬年前，直到一萬年前才開始農耕，這意味在現代人的歷史中，超過百分之九十六的期間，人類主要是做為狩獵採集者來維生，一星期工作十五到十六小時。

思考返回狩獵採集的生活方式，既不合理也不吸引人，別擔心。彷彿我們這些有著大肚腩的超現代人可以在沒有疫苗、抗生素和 wifi 的情況下，存活下來似的。但是，我們可以從較早期的生活方式，對於工作、對於人類和工作的關係有怎樣的了解呢？在人類大部分的信史時期，工作一直被擺在我們所做一切的中心。但要是在人類較長、較無記載的史前時期，情況並非如此呢？要是工作的目前狀況，和從古至今大部分人們的工作行為完全不同呢？

這些一九六〇年代的論文及隨後許多研究的另一個關鍵論點是，成為狩獵採集者原來並不可怕。認為狩獵採集者的人生必定一直過得很基本、很悲慘和短暫，使我們摒棄他們較不熱中工作的文化，我們可能會聳聳肩，然後說，對，他們或許比較少工作，但全都痛苦地早死。

事實上，這似乎是錯誤的。狩獵採集者的平均死亡年齡唯有納入嬰兒死亡率時，才顯得極低。在狩獵採集社會，嬰兒死亡率高得驚人，如果計算預期壽命時，加入這個數據的平均值（加總所有死亡年齡，再除以死亡人數），就會拉低預期壽命好幾十年。但如果移除嬰兒死亡率，只看大部分狩獵採集者死亡的眾數平均年齡，那就接近七十歲。（眾數是指一組數據出現次數最多的數。）

如果狩獵採集者成功度過嬰兒期，就有很高機率活到只比所謂已開發國家平均預期壽命少十年左右的年紀，而已開發國家的平均預期壽命現在已接近八十歲。

我們往往把比較不注重工作、比較沒有動力、比較沒有壓力的生活形態，當成有如原始人，而且智力測驗分數低下。認定狩獵採集者生活悲慘，並且痛苦地早死，讓我們可以把自己工作不均衡的文化當成最先進，但事實上，這只是最近而已。

當第一批農耕者在大約一萬年前，從遊牧或半遊牧的生活方式轉為形成固定的社區，生活和工作便逐漸改變。在當時，那是一種不穩定的生活方式，而對現在處於經濟及生態上貧困區域的農人來說，也依舊如此。當農耕條件良好，他們就非常非常好，農業人口便快速增加，但他們偶爾會遭受災難性饑荒，人口便急遽衰減。

農耕意味創造盈餘是可行也是可取的，這或許是人類歷史上首度能夠如此行事。如果天候不利，收成欠佳，甚至是土地被徵收，盈餘便可以保護你的安全。工作突然不再是關於夠用就好，而是變得越多越好。

以目前的標準來說，狩獵採集可能在某方面或一直是一種艱苦的生活，不過，它也可能是一個良好及長久的生活，有許多的休閒、休息和樂趣。工作很有價值，並賦予我們意義，同時也是生活的一種手段。但在人類歷史大多數時刻，它並未成為我們存在的唯一理由。

*

工作是新事物。最終發現，工作不是人類必要行為。獨自工作者需要記住，我們從事的工作不管多麼有價值、有意義並可能有利可圖，都不必讓我們其餘生活為它打轉。

這件事深植在我們對於工作、時間和成就的想法之中，讓人即使從未在辦公工作，也可能受其掌控。在報社工作時，我暗自以人們明顯花在工作上的時間，來判斷他們。坐在我附近辦公桌的一名編輯總是很早就進報社，而我們的辦公時間是上午十點到下午六點，但在我非常少數特別早到的情況下，他總是已經坐在那裡，然後他大約下午四點離開。

我認為這太令人震驚了。

我會留在報社直到晚上七點，經常這樣，也往往待到更晚。我很少好好度過午餐休息時間，不是在辦公桌吃午餐，就是奔到食堂吃個十五到二十分鐘。我覺得明顯可見地待在辦公桌前，展現出我非常認真看待我的工作。我是勤奮工作者，大家都可以看到我勤奮工作。我有個同事上午會在還沒嚥下麥片時，就急急接起電話。說真的，我們接電話的態度，全都一副像在五角大廈工作的模樣。（現在，我是自由工作者，我知道我們當時在這些電話的另一頭，聽起來有多麼不友善。）

離開報社之後，我很快了解到，辦公室生活充滿大量浪費時間的事，而且就像大部分辦公室員工，我發揮功能的時間可能不到實際待在那裡的一半，因為有大量沒有太多成果的恐慌超時工時。（研究指出，辦公室全職員工一天工作八小時具有生產力的時間，少到只有一天兩小時五十三分鐘。）那位編輯可能比我更能善用他的時間，遠比我更快速、更有工作成效，即使他比我早下班二到三小時。

我是一個更大的文化中的一小部分，這文化重視花費在工作上的時間，更勝於工作的最終成果。鄭喜貞稱這些超時工時是表演性工作，她了解我當時為何會有那種感覺。「〔辦公室中〕很少有人力資源管理師要大家在下午五點停止工作，而只有會這麼說的主管：『知道嗎？我們打算晉升一個人，我們要讓約翰升職，因為他真的全力以赴，不只週末工作，也工作到很晚，熬夜加班。』卻沒有了解到約翰或許犯下一堆錯誤，並且助長根本不利生產力的超時工作文化，對公司造成損害。」

花費在工作上的時間，不可能也絕對不能當成判斷工作會做得如何的一個好辦法。在現今大規模自動化之前的一些非常特別背景中，或許曾經管用，當時一小時等於工廠生產線上的一百個手工鉚釘，或是三百六十通透過總機人工接通的電話、六頁打字稿。但你認識多少只固定鉚釘的獨自工作者？除非你是採取按時計費為客戶工作，否則記錄你何時打卡上下班的人，往往是你自己。

我們很少以花費時間的長短，來判斷工作以外的其他活動。不會看到一堆待洗物，心想我最好花兩小時來洗。你就是去做，然後就完成了。做飯的時候，不會真的思考要花多少時間去做飯。你做飯，然後吃飯。大部分的人不會決定花一定的時間來看一本書或報紙，那為何我們不能以同樣的方法看待工作呢？帕金森定律這句古老俗諺指出，工作會擴張到用完所有分配的時間（而且時常超過）。但是，認為工作時間本身就是美德的這種道德哲學，至少也要為我們的工作日不斷延伸負起一小部分責任，而並非只是我們無法全力以赴。

一天八小時不是完美的工作日，也不代表人類可以或應該工作的最佳時數。它是工業革命的副產品，是工會所提出的想法，以抵禦工廠更為常見的十到十四小時工時。這僅僅只是當時工會所能希望的最好結果。

今日，就連這些神聖不可侵犯的八小時工時，也開始受到侵蝕和漠視，尤其是在獨自工作者身上，按照領域不同（以及你看到的數據），他們經常比受雇者每星期多工作二到十四小時。事實上，一份調查過一千名自由工作者的研究顯示，因為自營者較少度假，而且往往認為自己每天工作的時數比受雇者還多，每星期工時高達六十五小時。工作日平均從上午八點鐘看電子郵件的第一眼開始，到差不多晚間九點的最後一眼。

「有一種想法就是，如果在家工作，就隨時可以工作，可以放鬆去做任何想做的事，像是整天看電視。」鄭喜貞說：「使用非常複雜的數據分析後，按照我和同事所提出的，經驗上，人們並不會這麼做。事實上，居家工作往往出現的情況是，日子一久，最後工作時間越來越長，即使沒有酬勞。其中一個原因是，對我們大部分的人來說，即使擁有非常好的工作，還是會有很高的不安全感，並且感覺競爭激烈。要不然就是，如果受雇在家工作，那你可能會覺得，人們會以為你沒有真的在工作，讓你覺得需要去過度補償。或者，你可能是超時工作的自營者，因為每個小時都可能對你帶來更多金錢，增加個人事業的生存能力。」

國際勞工組織認為我們需要限制工時有其原因，她接著說道：「人們需要休息：每天的休息、週末的休息和工作之間的休息。有大量文獻探討身心健康所承受的負面影響，如果你處於負面健康成果，生產力和表現就絕對也是負面成果。我們需要思考一個較聰明的工作方式。」

想想我們對不工作或無法工作的人所使用的貶義詞：懶鬼、流浪漢、逃避、遊手好間、虛度光陰、失業者。這是盤旋在工作世界中的一部分危險用語。我們談論工作的方式，像是把它當成一場戰役，我們必須主宰，當中競爭激烈，是個同類相殘的無情世界，有附加傷害，沒有不勞而獲。但在大多數工作中，用不著一定要當英雄。我們不是軍人，我不是醫師。即使我們從事關於拯救生命的工作（例如說，為響應海外急難的非政府組織擔任顧問），但認為我們必須英勇的想法還是有毒，可能很快導致過勞和精疲力竭，甚至身心俱疲。當然，有時會發生危機，但你不該英勇地從一個超時工作危機，蹣跚走向另一個超時工作危機。不管做什麼工作，只因為你必須證明些什麼，就一星期有五十到六十小時坐辦公桌、坐在車子、廚房、工作室或工作坊裡，這並不是英勇的做法。（而當除了我們別無他人觀看時，我們獨自工作者還要證明什麼呢？）

或許你會說：但我愛我的工作，我愛工作這麼長的時間，我有雄心壯志，我不會改變它。而我會回答，當然，有非常少數的特異人士，可以在為自己打造幾乎只有工作的世界後存活下來。不過，我還是想要你思考一下，這是否真是你能夠非常長期維持下去，是否真想如此做的事。是否非常確定沒有錯過別的事？你是否非常確定，借用哈佛商學院已故的企業管理偉大教授克雷頓．克里斯汀生的話，到頭來，在衡量你的人生時，你難道不會後悔留這麼少的空間給工作以外的事？

我不認為大部分的人會想如嗑藥致幻般辛苦工作，但事情越來越有毒害。具有抱負不應該就要工作過度。有一件事可以肯定，即前面提到哈佛一項研究，即社群媒體上關於過勞的假貼文。它的研究結果還沒有複製在美國以外的地方。當同樣的詭計被施用在義大利實驗對象，他們完全沒有這種現象。尚有一線生機。

在我們歷史的大部分時期，辛勤工作不是人類生活的方式。在近四百年間，尤其當工業革命張口把我們咬住之後，我們就一直受到矇騙，認為工作應該是也確實是一切。我們認為如果不夠努力工作就應該有罪惡感；認為應該無止盡地投入工作、維繫工作、處理工作；認為應該不停地、辛勤地、確實地、明顯地以及忙碌地帶來生產力，事實上，這種方式只有在十九世紀，當你是拚命壓榨織布機織棉工人一天工作十四小時的工廠老闆才說得通。

工作過度是殺手，當中沒有高貴，沒有神性可言。

我們並不是在七千年前的炎熱塵土山坡耕作，我們不是維多利亞時代的工人，我們可以做他們始終無緣去做的事。比起任何其他類別的勞工，獨自工作者更有機會讓事情變得更美好。

第6章 勇氣、復原力及做困難的事

最壞的時刻

在我開始寫這本書時，生活很正常。我一星期工作四天，而身為獨自工作者的老公也一星期工作四天。我家老大上小學，老公一星期去三天的幼兒園。我爸媽在我們需要的時候會伸出援手。我們購物、外出用餐、見朋友，前往公園、游泳池、健身房。我們擁抱。

然後，新冠病毒出現了（我寫這段文字時，剛好處於新冠疫情的封城期間）。我老公的攝影工作消失，我們不得不關閉我們的攝影工作室。我們沒有托幼服務，也找不到幫手；只有我們自己。我五歲的大女兒艾拉病得很重，這對我們來說真是太悲慘了，遠比其他上百萬件事情還要糟糕太多。我從未承受如此劇烈的憂慮風暴，一方面擔憂大家的健康，我的孩子、老公、爸媽（他們去探訪我妹妹和她的寶寶時，被困在澳洲），我的公婆、我自己以及我在乎的大家；也擔心我的工作、我的事業和老公的事業能否持續下去；以及如何設法面對幾乎沒有收入的狀況；擔心妹妹要怎麼在沒有庭院空間的小小公寓，帶著一個新生兒和一個學步兒過活；擔心全球經濟、英國經濟、開發中國家的經濟和社會；擔心生意可能倒閉的朋友，擔心在最前線工作對抗病毒、身心疲累的朋友們。

我過度深陷當中，不知有什麼解決辦法。今天上午我去了空無一人的工作室，室內空氣清新劑的氣味把我震回了幾個月前，回到那個寒冷的冬季晚上。當時，我努力修理馬桶水箱，它被當天租用攝影棚的客戶弄壞了。我咒罵中動手修理，卻沒能成功，反倒把一整瓶空氣清新劑灑在我的外套、裙子和整個地板上。最後直到深夜，直到找來應急水電工及花上好幾百英鎊，才修復好馬桶及我的外套。我還以為那是我工作好長一段時間以來，最糟糕的時刻之一。其實不然。

現今，每個人都承受著莫大壓力。日常生活被撕裂成碎片，我們對於「正常」的看法已然變形。我們放置在未來的標記，像是度假、婚禮和生日，原本是做為獎勵，做為協助我們面對時間流逝的方法，現在已被取消或變得不確定。我們有一半的人嘗試在家自己教育小孩，同時又努力能夠讓自己的工作過得去。其他人經歷到恐懼、寂寞和社交孤立，或是發現根本拿不到工作，維持整個成人生活的身分，一夕之間被剝除了。我們的生活已跟他人隔離，跟平常我們會尋求支持的所有方式隔離，接著置身在恐懼、謠言、假新聞和壞消息之中。

我希望，當這一切結束，不管它是怎樣落幕，或許生活中較小的刺激、破壞和跌落，將比較不會折磨我們；而或許這將比較容易去做更為困難的事。我們或許會找到從不知道自己擁有的復原力，以及度過難關的能力，還有以從未料想到的方式嘗試新事物的勇氣，因為屆時我們將已經辦到。在我以剖腹產生下女兒後，突然間，出現在電視直播中就沒什麼可怕（因為沒什麼會比在清醒中接受手術，然後看到一個真正的人類從你的身體取出更為嚇人。儘管現在新冠疫情肆虐，這看法依舊）。這個經驗會像另一個經驗的放大版本嗎？如果我們個人，以及所屬家庭、社區和社會，能在這段令人痛心的凶殘時期存活下來，是否會在事後茁壯成長呢？這是我現在堅守的希望。

這是否就跟決定這正是我們要做的事一樣簡單？黛安．圖庫在她於《哈佛商業評論》所發表的文章〈打造復原力〉（How Resilience Works）中寫道，具有復原力的人會堅定地接受現實。他們相信，生活是有意義的，並且擁有在必要時隨機應變的能力。她說，復原力不是在於培養一種樂觀的看法，而是在於可以瞪視現實。如果你具有一種復原力的觀點，就可以在事態變得黏糊棘手時，使用這種復原力。

韌性並非只是咬緊牙關，下定決心逆風走進狂風暴雨之中。這也是關於事後喝一杯熱巧克力，穿著毛茸茸的襪子。我們需要容許情緒釋放，讓情緒被聽見，讓情緒成真。我絕非無所畏懼，如果我應付不了，就需要接受它，尋求並獲得幫助，然後解決它，不要總是滿不在乎，不管不顧自己的需求。

快樂學者暨哈佛前學監尚恩．艾科爾在其同樣發表於《哈佛商業評論》，標題為〈復原力是在於如何充電，而非如何忍受〉的文章中，也有類似的看法。越是努力把自己往前推，一切就變得越加困難，尤其在面對難事是更是如此。這讓人變得難以工作、難以睡覺，就只是這樣。你耗盡所能，完全不留餘力給下一回合的工作（或生活）。到最後，這迫使大腦進入一種「戰或逃」的思維模式，我們變得焦慮易怒，無法清楚思考。

正常情況下，這由大腦額葉主宰並負責執行功能，「戰或逃」讓大腦深層部分取得比原有更多的決策掌控力，而它們並不擅長此事。這促使身體進入恐慌模式，接著強化大腦遭受威脅的狀況。整個周期一直增加強度，直到我們失去了彈性和創造力，充滿衝動。

此時，恢復和充電可能變得前所未有的重要，而且可能也更難做到。我們各個世界縮小，但幸好大腦需要恢復的往往是熟悉的部分。

我努力找到讓我恢復的小區塊，像是在窗臺種植藥草，試著藉由在棚屋找到的一包發霉種子，將一些野花帶入生活；或是為家中植物澆水；修理故障的東西（最近是割草機和我的咖啡機）；整理櫥櫃，排好架上東西；不帶手機獨自去散步，仰首看天空，不看灰色的人行道；做菜；唸故事書給孩子聽；以及做這件事：我寫作。因為儘管工作通常很困難，這段期間是第一次，我希望也是唯一一次，生活比工作還困難。

眾多數據顯示，我們對於恢復的需求有多迫切，而工作者平均擁有的恢復時間又是多麼少，以及因為錯過而付出的代價有多大（這在探討超時工作的前面章節已提到部分）。美國近來一些研究指出，缺乏如睡眠等復原時間，造成生產力下降，讓美國經濟損失了六百二十億美元，或以對獨自工作者更相關的說法，每個工作者減少每年十一天的工作日。這十一天，我們可以用來度假，卻浪費在身心疲累卻仍試著工作的狀態。熬夜工作不是一種展現復原力的旗幟，拚命努力不是韌性。精疲力竭的話，就無法適應隔天的狀況。你越是努力去表現，就越是需要恢復。（工作以外的許多事也同樣如此，而養育孩子和運動尤其是。）

如同我們已經了解的，獨自工作者往往工作過度，無法抽空、休息或休假。藉著容許自己從經歷到的艱難事情（或日子或星期）恢復，藉由給予自己許可去恢復，然後從事啟動恢復的事，你就會讓自己更有復原力。

復原力的一部分是知道自己可以也將會度過難關，但另一部分是找出重新獲得身心能量的辦法，以度過難關，並堅持下去。無論如何，它都需要真正斷開工作。瑪格麗特·赫弗南透過在地方唱詩班歌唱來充電。「我算是住在偏遠的地方。」她對我說：「我常去當地村莊活動，因為沒有人真的認識我，他們也毫無興趣，我認為這非常使人謙卑。」

復原力有兩種恢復模式參與其中：艾科爾稱為內在恢復和外在恢復。外在恢復發生在工作時間以外的時候，睡眠明顯包括在內。把它想成是拔走工作頭腦。你可能已經知道自己需要什麼才能恢復（即使你還沒有也沒有經常這麼做），什麼都有可能，可以是跑步、冥想、和朋友家人共度時光、接近大自然，或是從事閱讀、玩遊戲、聽播客、烹飪或做手藝等完全不同的活動。

電視和電影倒是不太管用，我很不情願這麼說。一星期有幾個晚上癱坐在電視前或許不錯，可能也在所難免。但是，觀看不像繪畫、縫紉或烹飪等稍具挑戰性的活動那樣需要積極的心智參與，而且還涉及身體的怠惰，消極的觀看行為無法像合併更多感官的活動一樣，對我們的心理健康帶來相同的好處。

人類在故事中成長茁壯，而我們也全都需要逃避現實，所以我遠遠不是在說應該扔掉電視，但是每天晚上九點鐘就坐在Netflix前吃義大利麵，是不會重新注滿我們的智庫。（抱歉，喝醉也不會。這是一種偶有樂趣，但略為危險的拔除做法；而且實際上，還與充電恰恰相反，因為它會造成損耗。）

如同隨後探討工作空間的第十章中所能發現的，外出是協助大腦和身體從工作（及生活）中恢復的最有力方式之一；所以試著建立外出時間，哪怕只是占據一天的短暫時刻，因為它還是會建立你的復原力。我們在第十五章還會討論更多關於社群和人脈網絡的事，它們也對我們的復原力至關重要，這顯而易見，危機在有朋友和同事網絡的支持中更容易度過，不管是來自個人或是工作相關領域都一樣。找到他們，談論現下所遇到的問題。

內在恢復是指在工作日中建立短暫的恢復期間，這會有效避開「戰或逃」的恐慌螺旋，讓額葉重新取回一些控制力。（有些學者稱此為「間歇恢復」。）就像外在恢復，它需要與工作分離，到戶外散步一會兒、運動、聽音樂，或打電話給朋友。幾年前，我的工作生活有很多時間在模糊中度過，在屋內來回收髒衣服去洗，和我媽固定的不必要通話，或只是漫無目的地走來走去。我現在了解，這是我的大腦在渴求有架構的內在恢復期（原本以為這是拖延症）。這只會拖慢工作許久，直到再也前進不了。

生理時鐘中的晝夜節律控制我們的睡醒週期，而它也受到荷爾蒙及置身光亮和黑暗影響。但是，我們還受制於超晝夜節律（ultradian rhythm），即九十到一百二十分鐘的活力峰谷週期，這是大家幾乎都無法完全避開的。我們大部分的人都不會在工作九十分鐘後休息，因為這不符合我們設定的每日行程模式：它不是午餐時間，不是咖啡時間。我們可能覺得還沒做多少事，也可能是有個必須強迫自己趕上的迫切截止日。我們並未聆聽身體需求，匆匆撇開需要休息的訊號，像是打哈欠、坐立不安、感覺疲倦、飢餓或是焦躁。我們需要間歇恢復期來幫助我們調節情緒，並且回填我們的能量備載。如果沒有這些恢復期，我們會變得愛發牢騷又易怒，甚至進入恐慌的戰或逃模式。

明白這一點之後，我現在一天會安排幾次適當的小休息，讓自己喝點東西；如果早上天氣晴朗，就到花園走走或在前廊坐坐；看一下食譜，思考晚餐菜單；每隔幾小時就做一下伸展或轉身操；當附近工作坊或工作室的人過來時，和他們閒聊一下。就我們對恢復的了解，無怪乎這意味著我用較少的時間做較多的事，這是我的聖杯。

復原力是一種過程，不是一種存在狀態。你可以比隔天更有復原力；也可以增加復原力。此外，這並不稀有。我們所有人都有某種程度的復原力，而獨自工作族就定義來說，更是既勇敢又有復原力，我們的工作方式要求我們要有復原力，並且藉由記得過去的倖存經驗，得以增加復原力。當狀況變糟，難免如此，回想過去如何度過難關，有助於讓我們明白自己能夠克服，而且將再次做到。

在索維卡．帕斯德準備返回大學完成最後一年學業時，她原本打算搬去共住的最好朋友卻死於空難。她對我說：「這是我所經歷過最困難的一件事。」而現在，她成了發明家和企業家，同時是自己公司 Mimica Touch 的總監。在攻讀工業設計的最後一年時，帕斯德發明了她的得獎產品，這是一種隨著溫度時間的改變，表面會從平滑變成凸起的食物標籤，排除保守的保存期限，保守的保存期間是造成家中可食食物被丟棄的一大主因。這項產品原本是一種以人為中心的包容性設計，用意在於協助盲人克服無法閱讀普通食物標籤的問題。她的產品特定標籤即將運用在超市的新鮮食品上，成為打擊不必要食物浪費的中堅分子。

「如果沒有失去朋友，我永遠不會做這麼冒險的專題。」她說：「我當時的心態是『媽的，我才不管學位能不能拿到什麼鬼分數，我就是要做有趣的事。』大家都警告我，不要這個怪異的專題，沒有人認為我可以成功做出來。但我已經不在乎了，就只是放手去做，不知怎地就辦到了，拿到了一級榮譽，然後又不知怎地讓它成了商業產品。」這一路上，她剛畢業就因創新理想贏得戴森設計大獎，並登上許多報紙，她的姓氏更出現在泰晤士報縱橫字謎中。食品公司聯繫她，要求她創立事業，讓這項發明進入它們的市場。「大約第一年的期間，我真的很掙扎於我其實只想完成專題、完成大學學業，結束這個篇章。我創造 Mimica 智慧標籤觀念的那段時間，真的和悲傷聯想在一起。」但是，這個專題就是不肯結束。

「我以前怎麼也不會形容自己是具有復原力的人，但這件事告訴我，我是。」她說：「每當處於非常困難的時刻，我就會回想當時：『不只沒有大學畢不了業，不只真的拿到學位，甚至還拿到一級榮譽畢業及得獎的設計。』我努力在自己身上發掘這一點，不斷想著一定有解決問題的方法，不管是什麼，一定有解決之道。這算是我瘋狂的樂觀主義，即使是在非常困難的情況，我也是這麼想：『不可能會這樣結束。』當時的她要繼續前進，去做她從未有機會做的大事，所以我現在必須替她辦到。」

這證明了像帕斯德這樣現在具有復原力的成年人，往往是過去曾有痛苦經歷卻未被擊潰的人。如同心理學暨復原力專家梅根．傑伊的說法：「應付壓力和運動很像：我們隨著練習而變強。」通常這樣的人非常擅長發揮決心，認為自己擁有戰士心性，而且藉由練習，我們全都能夠採納。有趣的是，許多被視為社會的高成就者（像是脫口秀主持人歐普拉、NBA球星勒布朗．詹姆士、星巴克前執行長霍華．舒茲）都克服了極為艱困的孩童時期。

所以，假設自己可以在需要的時候，發揮勇氣及復原力。儘管勢必遇到阻礙，我們剛開始獨自工作時，是勇敢的；我們繼續堅持時，是有復原力的。而且因為我們是小小的一體組織，所以也靈活敏捷。如果復原力是指適應，進而堅持下去，那就是我們，不是嗎？雖然我認同圖庫的看法，復原力並非盲目的樂觀，但它的確也是一種心態，讓我們得以相信改變是可能的。

態度和心態

我碰巧在 Medium.com 上看到美國記者兼作家德魯．馬格里的一篇文章，談論如何一星期寫出一萬字，這正是我會咬餌點擊的標題。但它的內容無關作家文思枯竭時的技術性解決之道，也無關實務。（該死，也無關魔法。我需要一些魔法。）馬格里說他是經過選擇而熱愛寫作，並視寫作生活為一種瘋狂特權及愉快經驗。文中提到他是如何在不寫作時，思考寫作，像是淋浴時，或當下應該是吃飯時。他是怎樣拿著筆記本，隨時塞進腦子想到的點子。他對寫作的態度和知名的寫作說法截然不同：寫作是困難的；而且即使是最受讚揚的作家，或者說尤其是最受讚揚的作家，例如菲利普．羅斯和強納森．法蘭岑，都苦於寫作的過程。「我熱愛寫作，熱愛它要命的每一個小部分。寫作是我心心念念，唯一想做的事。」他說：「你的寫作生涯將蓬勃發展，如果你不害怕也不強迫寫作，如果你知道……最後不該只有一種道路。如果你把工作看成無法穿越卻必須攀登的牆壁（或是什麼笨蛋老闆要求你這麼看待），就會痛恨工作。如果你的態度是把鼴鼠丘都當成是高山，那麼我給你的任何訣竅都無法阻止你去搜尋零食來拖延工作。」

或許你無法讓自己愛上真的討厭的東西，但我確實相信我們有無限能力去改變對事物的想法。馬格里的基本方針幾乎可以適用在所有差事上：如果把必須做的事視為幾乎不可能，視為無法穿越的牆壁，當然看起來就很可怕。（我和其他獨自工作族交談時，時常提及的磚牆式差事包括對陌生人電話行銷，對團體做簡報，製作影片，在說明會或會議中展示作品。）

但要是你可以改變看法，選擇以不同角度看待，也就可以改變對它的感覺。有很好的證據顯示，不把事物視為威脅，而只是當成挑戰，就會帶來非常不同且更為有用的神經反應，它可以提升精力旺盛的腎上腺素，而非偏向壓力反應的皮質醇。

當必須去做一件你通常會認為很可怕或困難的事時，請好好檢視它，它真的是磚牆般的難關嗎？還是別的事讓你有這種感覺？是否因為教養或社交經歷，讓你認為它比實際狀況困難？你能否改變觀點，把它當成是可以樂在其中的挑戰，而不是需要忍受的可怕事情？你能不能想到辦法來學著去做？你能否尋求協助？它能不能像你重新架構思考方式一樣簡單？

如果你在這之前看過卡蘿·杜維克針對心態的著作，就會很熟悉以下內容。經過數十年對於社會發展心理學的開創性研究，她創造了「成長心態」和「定型心態」的個人理論，這套理論深具影響力，其中鼓勵對孩童使用成長心態式的語言，甚至得到全英國教育專業人士的採用。基本上，如果擁有成長心態，就相信能力和智力能夠改變及進步；然而，若是定型心態，就會認為智力和能力不會也無法真正改變。你相信有些能力是天生自然的，並認定極限在於一個人能夠真正成長多少。杜維克要我們反思以下說法，以找出自己的定位：

- 你的智力是非常基本的素質，無法有太大改變。
- 你可以學習新事物，但無法真的改變智力。
- 不管你的智力為何，永遠可以做到相當大的改變。
- 永遠可以充分改變你的智力程度。

前兩者屬於定型心態，而後兩者則是成長心態。對你而言，哪一點最真？杜維克說，可以把「智力」替換成藝術才能或商業能力；她同時也針對個人特質而非智力，提出了類似的問題，「你是特定類型的人，要真正改變它是無能為力」對上「不管你是怎樣類型的人，永遠可以做到充分改變」。

杜維克在個人著作《心態致勝》中提出，我們全都可以改變，而這不只是就智力和能力而言，個人特質也一樣；此外，採用並發展出相信以上真理的成長心態是非常有價值的。書中並指出，這可以幫助我們重視努力，同時幫助我們重視完成事物的努力過程，而不是只著重在目標本身，而這在定型心態常被看輕，認為如果必須努力，就表示並不擅長。她也提及，我們可能對一件事擁有定型心態，而對另一件事卻是成長心態，例如說，你可能相信人們可以透過練習而變得和善；但同時又相信智力是固定資產，無法增加。

我從小到大都是定型心態，這非常有害。大二時，我的情況非常悲慘，開始出現恐慌發作、睡不著以及腸躁症問題，最後更不知怎地因為過度換氣而喪失指尖知覺好幾星期。幸好，一位大學全科醫師建議我去接受諮詢，而我迄今完成了五次療程的第一次（我極為推薦）。我在學校的學科領域向來很順利，幾乎每一科名列前茅，接著來到倫敦經濟學院，這時我才十八歲，缺乏經驗而且非常年輕，只是一個巨大池塘中的一條小魚，而池中卻滿滿有來自世界各地最佳學校更為聰明、成功、有復原力的魚兒。我一直受到莫大期許，而在這裡我撲騰不已，人生第一次不及格，徹底失敗。

儘管我之前也非常用功，卻始終擁有自己很聰明的核心信念，而多年來我的老師也證實這一點。在我個人的心中存在著，大家都知道我非常聰穎及非常成功的「事實」。（順帶一提，這並不會讓你在一九九〇年代的英國綜合學校受人歡迎。）不過，在倫敦經濟學院，我突然從聰慧變成愚蠢。因為我認為智力（及愚笨）是固定的，所以只覺得原來過去大家對我的看法都錯了。

從七歲以來，我並未受到鼓勵去做我覺得困難的事，或是倒立動作。（即使當時，我被認定具有體操天賦。）我會努力，但只在於自己已經擅長的事物；我也避開音樂、團隊運動及球類運動，以確保自己絕對不會失敗。我相信自己天生聰慧，而且會永遠聰明，然後，這卻被奪走了。

如果你不相信事情可以改變及進步，那麼就很難擁有復原力。我在大學幾乎沒有復原力，只有一個幾乎無法動搖的信念，即我身為人類的價值來自於做事完美及天生聰明，但我顯然已不再擁有這個特質。這開始摧毀我的心理健康。

後來，我試著建立另一套信念。而現在，近乎四十歲時，我終於可以把批評和回饋當成建設性意見，而非個人攻擊。我的自我價值不再完全依附在個人成就和智商上，我如今明白「不及格」並非揭示愚蠢，只是透露我們還沒有學會做好某件事。我變得比較能夠重視過程，而不是執著在結果。（第十二章對此會有更深入的討論，但我的確認為這是快樂的最大祕密之一：如果能在前往某處的途中感到快樂；而不是假設只要到達你想要的目的地後就會快樂，那麼就能夠擁有遠遠更好的生活體驗。告訴自己說，等到畢業你就會快樂；或找到伴侶、結婚、生小孩，或是買到大房子、賺更多錢、得獎，你就會快樂，這樣會有太多痛苦的副作用。它容許你接受一路上所有不快樂以抵達目的地，這可能要花上好多年，這表示你期待到達目的地後，快樂會奇蹟似地緊隨而至。當快樂並未如預期出現，可能讓人痛苦難耐。）

擁有成長心態無疑可以讓身為獨自工作者變得容易一些。心態對獨自工作族很重要是因為，擁有成長心態的人比較具有復原力，並且比較無懼於嘗試新奇或可怕事物，而對許多獨自工作者來說，新奇及可怕事物是生活的一部分。成長心態讓人更有可能承受挫折，並進而擺脫它，繼續堅持下去。由於它的中心信念是事物可以改進，問題可以解決，所以也讓人更能夠對難題採取創造性的思考。具備成長心態的獨自工作族比較不會因為事情複雜而放棄它，而比較會從不同角度來著手處理，直到找到解決之道。

對處於定型心態的獨自工作族來說，失去一個客戶而必須再開發一個新客戶，可能會感覺失敗，甚至覺得這表示自己入錯行，永遠不會成功。這些感覺可能會讓人失去能力。但如果是處於成長心態，就可能會採取從現下狀況所學到的任何做法。

夏洛特．史考特是室內樂的獨自工作者，在全球各地表演小提琴，同時也擔任英國及歐洲各地管弦樂團的客座成員。自從二〇一五年，她更成為牛津樂團的協理首席。她取得英國皇家音樂學院的一級榮譽；並在艾比路錄音室（Abbey Road Studio）花了許多時間錄製作品，使得大家幾乎都聽過她演奏的電影配樂和葛萊美得獎專輯。她的小提琴珍貴得出奇，是史特拉第瓦里一六八五年製作的「加里亞諾」琴。用不著非常了解音樂，就能夠了解她是非常優秀的音樂家，而她也具有成長心態。六個月前，她試演一個演奏會的首席，卻未取得這項工作。

「我真的演奏得非常棒，卻沒有拿下它。我第一個想法是，或許我就是不夠好，沒法擔任音樂演出。」她對我說：「我知道不是真的如此，卻認為人們必定是這麼想，否則我的成果會更好。」而她第二個想法是：「我需要尋求回饋意見，但此時我又在腦海和自己對話，妳確定嗎？因為回饋非常主觀，不見得總是有幫助。最後，我決定，不對，我真的很尊敬這家管弦樂團，我認為他們很棒，就讓我來尋求回饋意見。我得到回饋，而它是我人生中所看過最棒的意見。確實如此，因為它告訴我，我自認出了大錯的地方，其實做得非常好；而我以為沒有毛病的部分，事實上卻是我最大的問題。我原本對此一無所知，我非常高興自己有詢問回饋的勇氣膽識，而且我在意。」

我為年輕時的自己感到有些悲傷。多年來，我一直迴避意見回饋，深埋自己明顯的失敗，而且深信只要我不去想，它們就不會傷害我。我錯過太多機會去詢問：「我要怎麼做得更好？」反而只是掩住耳朵對自己說：「沒這回事，啦啦啦。」

「但是你深埋的事情有朝一日會回來敲門。」史考特說：「驅使我的動力是，我就是不想犯下兩次相同的錯誤。當然，回饋有時只是某人的看法，你可以說：『那只是他們的看法，我沒法贏得所有人的心。』那些意見會顯而易見。但其他時候，你需要對自己說：『我真的搞砸了，是我的責任，我能怎麼處理？』我真的很害怕再犯同樣的錯誤。」當然，這要藉由詢問回饋，同時要設法如何取得，並且要確保不會是在錯誤的時間和地點得到回饋。（就像有一次，我在一個頒獎典禮的經驗那樣，當時有人不知道我是專案經理的情況下，對我最近擔任編輯的刊物做了徹底的批判。）

有時在適當的距離下，即使是最可怕的工作（或生活）經驗，通常也能讓人有所得。我們必須練習展現積極的力量，並且在可怕事物中找尋美好的事物。話雖如此，在新冠疫情封城時期，我經常收到宣傳稿邀請我利用所有多餘的空閒時間來線上學習糕點技巧，或嘗試新語言、做天然酵母酸種麵包，這全都讓我好想伸進電腦螢幕，痛揍某人。惡劣的經驗不必成為個人成長的機會，如果我們想要它們如此，那麼接受它們可以如此就夠了，而且僅於此時。

不管是在對待自己或他人上，人類經常預設為定型心態行為。儘管如此，還是值得下定決心去採用，然後致力實際創造出成長心態。就像復原力，這是一種過程。

你不是你的工作

越是能夠淡化自己個人和所做工作之間的聯繫，就越是能夠從獨自工作者勢必經歷的情緒和財務高峰及低谷中存活下來。別弄錯我的意思：對獨自工作者來說，這可能極為困難，因為我們往往把自己視同於工作，因為我們許多人都有從事個人工作的職業動力，這不只是指想要為自己工作，還意味我們想要創造或分享事物，不管是庭園、帽子、衣櫃或網站。這裡也有個有趣的語言學習慣：我們大部分的人都不會說「我替經銷公司工作」或「我替銀行工作」。當被問及自己的工作時，我們大多會這麼回答：「我是作家」、「我是設計師」或「我是線上祕書」。

密西根大學的管理組織教授蘇珊・艾許福針對獨自工作族茁壯發展的方式，曾進行過研究。在和岡皮耶羅·佩卓利里及艾美·沃茲涅夫斯基共同撰寫的文章中，艾許福稱財務成功並滿足於其工作者為成功的獨自工作族，她發現這些人了解到他們需要創造出她所謂的「護持環境」。護持環境這個觀念最早出現在二十世紀上半，它從細心的照護者為幼兒創造出安全環境和空間這個事實，推斷我們首次感受到護持環境是在孩童時期。現在，它已更廣泛納入成人心理學理論，意指一個可以讓人們成長和發展的地方。企業、公司及辦公室在內部為員工提供一種護持環境，並且給予一種同為成員的認同感。

「即使我沒在教書，我仍是教授。」艾許福說：「即使我有好幾星期無法做研究，我還是密西根大學的教授，並且有各方面可以證實此事，我受邀參加會議，會有副本轉寄給我，辦公室門上有我的名字。但如果我是獨自工作者，而且出自某些原因，我現在並沒有在做我所說的工作，就會感覺比較沒那麼正當或容易聲稱自己的工作身分。因此，我可以開始思索：『我真的是X嗎？我是否應該別再騙自己？我不是真的X。而如果我不是X，我到底在做什麼？我到底是誰？』」她稱這種經驗是「身分不穩定」，和財務不穩定共同列入「讓個人工作變得怪異的事物」清單之中。

個人身分和所做工作的連結越是緊密，就越是難以度過最黑暗最駭人的時刻。如果事業做得不好，那麼心理暗示就成了你做得不好，尤其，相對於在組織內工作，現在是在沒有其他人可以指責，所有意見回饋都狠狠扔在我們身上的時候。如同國王商學院的創業精神教授猶特·史蒂芬對我說的：「這感覺就是評判了你個人，評判了你的能力和人生選擇。」和工作過度視為一體有其危險，因為如果環境改變，不管是全球疫情、政治改變、先進技術或是個人健康因素，造成你無法工作，或無法從中賺取金錢，就可能帶來極為嚴重的後果。「我們無法控制何時會出現危機，何時會政治不安，或是有個重大合約未成。」史蒂芬說：「在這些情況下，我認為重新架構，讓兩者脫鉤，並且說：『是我的工作做得不好，這不是對於我個人的評判。』就非常重要。」

不要在處於工作危機的當下，而是在一切順利，擁有能夠思考此事的心智頻寬時嘗試這麼做，是否比較好呢？「我認為這像是合理的建議。」她大笑。「但是……我確實認為一切順利時，獨自工作族會從個人工作得到大量活力。高峰更高，而谷底更低。」換我大笑了。這不是個人工作的整體本質嗎？高者恆高，低者恆低。在順境時期，我們可能從工作中得到相當大的樂趣；唯有逆境時期，才開始讓人難過。

如果證實不管是在危機之前或危機當中，都不可能或難以讓自我感知意識和工作脫鉤分離，那麼只要記住你的身分認同可能和工作密切連結，就有助於緩和狀況。我們如何處理個人工作對於個人幸福健康的潛在影響，以及兩者一開始的結合緊密程度，多少取決於是否同時進行著適當的非工作事務，而這也影響了認同感。撫養孩子絕對不是這麼做的唯一方式，但的確幫助我展開了過程。在有孩子之前，我是肯定無誤的作家，而有了孩子之後，我的性格必須分成不同部分，這占據了我許多頻寬，切碎了我可以給予工作的時間和精力。結果呢？工作不再是關於我的要事。有趣的是，我的焦慮感降低，低潮不再那麼低迷……高潮也不再那麼亢奮，但對我來說，這是還算不錯的回報。

這是否表示我們需要試著建立一種不只關乎工作，而是更為寬廣的獨自工作者身分認同感？「在認同理論中，你可以想像身分是腦海中一連串的泡泡。」艾許福教授說：「大部分的人都有許多泡泡，你是獨自工作者，也是女兒、姊妹等等。而依照身分的重要性，泡泡會有不同的大小。如果你有一個特大的工作泡泡，而它的周圍有許多小泡泡，那麼這個身分就有許多壓力，擔負著人類需要的所有心理功能。如果你有更多的泡泡，就可以分散負擔。」

緊附你的護持環境

由於我們不是在傳統商務體系下工作，身為獨自工作者，我們必須打造自己的護持環境。如果可以建造一個好的護持環境，就會比較不焦慮，也比較沒有壓力；而且更能容忍獨自工作族生活的不穩定，更能專注和創造性思考。「你需要的東西似乎很膚淺，實際上卻有深切意義。」艾許福教授告訴我。在她針對獨立工作者的研究中，尤其著重找尋獨自工作的人得以成功的方法，她發現「工作生活較有活力的獨自工作族，比較能夠維持四種連結。一是與人的連結：他們擁有所需要的眾多連結，不管是定期或功能上不定期的與人連結，接觸到的這些人可以為其工作生活提供一些養分，可以說這樣的話：

『你做得很棒，你應該渴望做得更多。』或是給予他們啟發、肯定或引導。」

二是與地方的連結。「這些人對工作場所深思熟慮，把它打造成可以給予所需的地方。」她對我說，並提出這項研究中的一個編劇會在黎明時分的床上寫下最初的草稿，然後才移往書桌和電腦，完成其餘作業；還有一個作家會選擇在庭院的小棚屋工作，因為他覺得這裡可以限制思緒發散。（對於工作空間的細節及其重要性，參見第十章。）

三是常規（見下），四是工作目的感。不管是因為單純的干擾，或是對必須要做的事就是提不起勁，各種事情讓他們有所滯礙的時候，對工作感覺到目標的獨自工作族會比較容易返回正軌。「他們與做事的原因產生連結。」她說。他們也比較了解哪部分的工作要答應或拒絕，而且比較能夠對客戶及未來客戶「確實描述自己的工作」。在我們談話的時候，艾許福也正在寫書。當她覺得無精打采，連結不上寫作文思時，她會寫下三頁「動機文」談論自己為何想要寫這本書，以及她認為能從此書得到幫助的人，做為和個人意義保持連結的方式。

「並不是說這些人不會焦慮。」艾許福說：「但他們學會處理它的方式，使其成為可以容受的不穩定。有時，當中的佼佼者還學會讓這種不穩定為其所用，使它也擁有生產力的素質。」

感受恐懼，勇往直前

擁有復原力有部分是關於勇敢，但勇敢卻和無所畏懼不一樣。獨自工作可能會讓人害怕，而偶爾感覺到恐懼是完全正常的；如果不害怕，可能還很怪異。個人工作就其本質來說，充滿不確定性，只能圍繞著「我們無法擺脫它」這個事實來建立自我。奇怪的是，當新冠病毒讓許多傳統雇用工作突然變得不穩定，許多獨自工作族卻可以聳聳肩說：「對我來說，情況向來如此，我從不知道下一筆收入來自哪裡。」我們已經有過時間得以習慣個人工作的不可預知性。（比起傳統受雇者，獨自工作族面對艱難的經濟困境，往往較有妥善的準備。因為我們許多人會擔憂自己事業不穩，於是時常儲藏金錢在安全地點。如果你沒有，快做。這樣有鎮靜效果。）

恐懼是生活的一部分，是對於陌生情況的自然反應，也是大腦對我們警示威脅的一種有用方式。我們無法談論或壓制它的存在，但可以逐漸了解我們的恐懼以及和它共處的方式。相較於我們知道並理解的恐懼，無法清楚表達的恐懼更難應付，而且往往會帶來一種全面的懼怕和焦慮感。獨自工作族的恐懼經常縈繞在我們的事業是否會失敗，要是失敗了會發生什麼事，不過我們也會有其他特定的恐懼，像是對於自己的長處、弱點和產業，以及關於寫作、公開演說或建立專業工作網等事務。

獨自工作者可以使用一些方法來克服恐懼。瑪格麗特．赫弗南批量處理她害怕的差事。「克服令人膽怯的工作，其中一個辦法就是大量去做。」在我問及她對於難以面對特定差事的人有何忠告時，她如是說道：「像是打給陌生人電話行銷、追討未支付的帳款等事務，我認為批量處理會讓它變得容易。所以如果有許多後續工作或許多宣傳文稿要做，我就會試著在一個上午或一個下午，一次全部做完。我有種心情，認為自己會鴻運當頭，這些工作會越來越簡單。如果有一大堆我真的很不想做的事，我會一口氣全部做完。」對於赫弗南來說，光是完成討人厭的工作，這件事本身就是一種獎勵，但矛盾的是，你也可以把工作當成獎勵，選擇一些你真的樂在其中的工作。做討厭的工作，適當休息一下，然後以喜歡的工作獎勵自己。我知道這聽起來很怪異，但這會對你帶來遠勝於餅乾所能給予的更多及更好的滿足感。順帶一提，反過來的話就不管用了，做完喜愛的工作之後做痛恨的工作，事實上會讓討厭的工作感覺更加惹人厭。

黛安·穆卡伊在其著作《零工經濟》中闡述一種恐懼緩解策略，她將其同時運用在面對大型恐懼：離開職場，開創事業，以及小型恐懼上。近幾年來，她在做為MBA部分課程的零工經濟學上，也一直教授這個策略；而她也很親切地容許我在此加以解釋。「我的著手方式是，採取非常具體的恐懼解決法。」她告訴我：「所以如果你的恐懼是拿起電話，進行電話行銷，那麼我們需要了解最糟的狀況。我帶領學生或客戶進行這項訓練，從他們所能想到的最壞情景說起，然後要求他們寫下來，讓情景具體成形。記在紙上之後，我們便開始檢視。如果這樣的恐懼發生了，會是什麼結果？它發生的可能性有多大？有無辦法減輕一些你所擔憂的風險，而讓它不會發生？」

穆卡伊表示，儘管可以自己一人進行這個訓練，但最好還是和別人一起做，這樣整件事就不會只存在於你自己的腦海中。「藉由寫在紙上，看到這些恐懼其實不是那麼可怕，可以把恐懼降至最小程度。而在我們的腦海中，它們會顯得可怕許多。」和別人一起做這項訓練的另一個好處呢？「聽見別人說：『別開玩笑了，絕對不會發生這種事。』其他人的看法可以協助我們更實際看待自身的恐懼。」

「當恐懼以一種未經檢視的模糊狀態存在於你的腦海時，會讓人失去能力。清楚表達恐懼真的非常有用，看到紙上寫著：『我擔心永遠賺不到錢，沒有地方可住』，你就可以看到它的原貌，這是一種潛意識的動物大腦式恐懼。」

我個人的恐懼向來是，會有人發現我其實是個糟糕的作家。它依舊和我在一起，只是現在已經公開。我和這個恐懼，我們很了解對方，所以它的力量非常小。它只是一個不受歡迎的同伴，像是困在車內的蟲子，也像是我腳上的水泡。令人不快，但不會讓人喪失能力。

下一步是檢視需要發生什麼的事，才會出現你所害怕的情景。如果你的恐懼是賺不到錢，沒地方可住，那麼必須出現什麼樣一連串的事件才會發生這種事？穆卡伊在其書中所使用的研究案例表示，她所有朋友及整個家族都得死去，她才會無家可歸。另一方面，如果這過程揭露你的恐懼有充分根據，或是無法只藉由談論恐懼來把它們逐出腦海，那就需要找到處理它們的方式。如同穆卡伊所說，如果你真的沒有成為自由工作者的足夠資金，一定會陷入瀕臨失去房子的地步，你就需要等到存夠錢，或是想出一個風險較低的不同方式，像是找個房客，或是在同時保有全職工作的情況下，展開自由工作。

穆卡伊也主張藉由減輕真實的（而非想像或牽強的）風險，來應對恐懼程度。或許可以在既有工作的一旁展開事業，再逐漸降低全職工作的時數，直到可以安然退出；藉由投保來降低風險（我投保了一張疾病失能及失業保單，它會在我病到不容許長期工作時理賠）；或是轉移風險，這類似減輕風險，就是藉由承接長期自由工作等做法，以提供短期案子所無法給予的安全等級。

再說一次，這是在於內省以找出自己真正想法和感覺。藉著嚴格駁斥我們的恐懼，思索它們是否實際，如果實際，又需要如何克制它們，如此一來，我們甚至可以解決看似非常可怕的事。

穆卡伊也指出，有時候逃避是可以的。「你不必在生活各方面都當英雄。」她說：「如果你害怕追人討要待付款，如果你認為這是讓人不快的差事，那麼就外包出去，找別人來做！人才用不著接觸金錢。」她大笑。

有時逃避較大的事務也是可以的。我們很容易有個預設立場，覺得像是必須接受每一個機會，但有時候可以處於較快樂的中間地帶。或許在會議中演說對你的事業大有助益……只是如果你花了三個星期準備它，又焦慮失眠到生病，這個代價或許就太大了吧？

過度謹慎和被風險壓倒之間的界限，由你決定，這可能意味要刻意放開你「應該」的做法、想法和感覺等既存看法。如果拒絕一件事的想法讓你如釋重負，而不是懊悔，那麼就沒關係。如果感覺像是其他所有人都非常成功，並且從事你滿懷畏懼的事，請記住：幾乎沒有人會在社群媒體上吹噓或張貼他們沒有做、做不到或不願做的事。

關於事業的一般閒聊大多是針對成長或規模，拓展領域或打造新的優勢、銷售、客戶及合約。當然，你不能讓個人事業停頓下來，但即使英國政府最近也在名為〈幸福之道〉的自營工作者報告中，因太著重成長而遭受批評。報告指出，絕大多數的自營者不需要也不想要個人的小事業有所成長。你用不著讓個人事業成長。如果你已經擁有十個客戶，無意發展出一個團隊，也沒時間接受更多客戶，那麼你的事業不用成長。如果你是水電工，每週房屋案件已達個人最大數量，也不渴望擁有貨車車隊或成群學徒，那也不需要成長。用不著因為處處可見談論成長和增加的話語，就認同它。畢竟，你只是一個人。接受這個事實需要特別的勇氣，但這也表示不必去做一堆你可能害怕的事，可以讓自己脫離困境。

對著牆壁潑油漆

我的個人電腦黏貼的一張便利貼寫著：「對著牆壁潑油漆」，這句話是從我和作曲家尼古拉斯．霍柏的談話中，節錄出來的。你幾乎一定聽過霍柏的作品，因為他寫下超過兩百五十件電影和電視配樂作品，兩度贏得英國電影學院獎，並曾獲葛萊美獎提名。他最知名的作品是替《哈利波特：鳳凰會的密令》及《哈利波特：混血王子的背叛》所譜的魔法音樂。

這個簡介並未充分說出他職業生涯的沉浮，就跟我們所有人一樣，他也有高低起伏，而且理論上可說是其生涯巔峰的哈利波特電影，也讓他感到極其艱難。「光是想到那段時期，我的心跳就會加速。」他說：「真是太可怕了，我困住了。我想幾乎每個參與的人都有過這樣的時刻，因為哈利波特就像一座高山，它有廣大的粉絲基礎，受到莫大的期許。就我來說，我沒有太多好萊塢經驗。」他回想起他陷入恐慌工作的一個復活節。「我當時正在寫《鳳凰會的密令》地下通道催狂魔的配樂。」如果你沒看過這系列電影，說明一下，催狂魔是一種會吸取靈魂，如飄浮陰影般的可怕生物，這個場景陰冷可怕，配樂令人驚駭難受。「我還沒能做出理想成品，所以那天早上我就是一直在寫。最後，終於成功了，也讓鄰居至今還記得從音樂工作室傳來的可怕噪音，恐怖的催狂魔音樂。」

在霍柏困住的時候，他沒有僵住。「這就像對著牆壁潑油漆。」他告訴我：「我就是一直把東西扔出去，看看會發生什麼事，我許多音樂作品就是這樣完成的。不過，這的確表示，」他大笑。「華納兄弟影業的儲藏庫還存放著完全派不上用場的十二小時音樂。」（他具有一種我認同的英國人作風，他也喜歡定時喝茶休息，時常稍事散步。）

他這種毅力就像我去年在一個電臺訪談中，聽到演員兼企業家溫德爾．皮爾斯所說的話一樣。儘管參與了《火線重案組》、《劫後餘生》和《金裝律師》等電視影集，以及《推銷員之死》等舞臺演出，他卻談到自己有「冒名頂替症候群」（imposter syndrome），又是如何面對它。「出現懷疑時，就去工作。」他說：「出現深切懷疑時，就更加努力工作。」

這未必表示要不顧一切堅持到底，我們知道這也可能導致恐慌及執行功能欠佳。但是，如果你感覺到恐懼感浮現，可以選擇進行容易的差事來打斷這種感覺，即使這個差事和你應該做的事、和你害怕去做的事，沒有直接關係。不要一直這麼做，否則就會陷入拖延症或純屬消磨時間的工作，不過，要是恐懼已攫住你的喉嚨，就採取往牆壁潑油漆的行動吧，像是在空白文件寫下專案名稱，或是選擇文件格式，清理或安排展開工作時所需要的工具。分割該做的工作，然後選擇最少量、最漸進的方式來著手，然後一直做下去。寫一段計畫，選擇配色，忽略你正開始做事，等到察覺的時候，你已經動工了。

這是酒類作家維多利亞．摩爾所採用的技巧。她非常多產，每年寫下數十萬字的文稿，這讓我很難相信她對自己的描述，但她的確對我這麼說：「絕對就是把每件事切割成有限的差事、微小的差事，我基本上是個懶惰的人，如果可以延後，我就會延後。寫文章總讓人生畏，而且我還很容易發懶，沒有好好去寫。所以，我會分割每一項工作，幾乎就把它們當成可以上色的箱子，分成像是研究調查，然後是實際寫作……因為如果你需要去調查，卻不必寫下來，那就非常有趣！接下來，如果必須寫出文章，但因為你已做過調查，就會變得很容易。」

為《紐約時報》撰寫《聰明過生活》電子報的提姆．埃雷拉說這是「直接動手做的魔法」，並且使用牛頓運動定律來說明：運動中的物體會維持其運動。工作中的人會傾向繼續保持工作。他認為，如果可以越過第一道障礙，開始動工，那麼就很可能會持續下去（總之，一定比完全不動工有可能）。像摩爾這樣使用微型目標，也可以讓大腦微增愉快感覺的多巴胺，因為即使只是小小目標，只要達成就會回報一些多巴胺，有如社群媒體的按讚數回報給我們輕度成癮的多巴胺。這是確保我們一旦開始，就會持續下去的另一種方法。

恐懼往往會阻擋我們開始，或在開始之後阻擋我們。採用以上的原則和微實踐，我們可以說服自己展開工作，然後繼續堅持下去。我把霍柏的話放在腦海中，每當感覺事情太過嚴重而威嚇到我，讓我困住的時候，這句話就讓我比較容易不那麼嚴重看待所做的事。沒有關係，我就只是往牆壁潑油漆。在太害怕而無法開始行動，或是在太受打擊、太過度卡住的時刻，這就是完美的做法。當遇上一件看起來大到嚇人，讓人甚至無從著手的工作時，我們可以化整為零，從微小開始，從中吸走恐懼。

擺出姿態

我站在電視攝影棚外頭，希望沒人注意到我在擺力量姿勢：雙腿張開，手臂大張，盡量占據最大的空間。工作人員來來回回，多半認定我瘋了，但其實我只是在對大腦玩另一個詭計。電視直播是最讓我恐懼的工作之一，而它又出乎意料到來，我被發掘出來是因為之前編輯的一份雜誌；然後我又糊里糊塗參加了祕密試鏡，不知道自己是在參加第四頻道每週雜誌秀《星期天早午餐》的定期來賓選拔。我之所以拿到這個工作，可能是因為我漫不經心，全然不知接下來要面對什麼，而直到我就要初次登上星期天節目的那一個星期三，才被告知這份零工的實情：它是直播，而且有數百萬人收看。在我第一天到片場時，幾乎快吐了。

我花了好多年的時間，才克服這個特別工作所帶來的恐懼。儘管有四年期間，我一年四十八週上電視，但對它的焦慮仍不時讓我偏離正軌，而目前我只每隔幾個月才會參加節目一次。力量姿勢證實有效，現在，我會在訪談、進行覺得恐慌的事，甚至是打給編輯推廣之前，做出這個動作。然而，二〇一二年這個讓力量姿勢聞名的研究卻頗受爭議，有些過火的批評特別針對很快就以其著作及TED演講聞名的共同作者艾美．柯蒂。她在二〇一八年發表了新的資料，辯駁眾多批評，並且指出，力量姿勢，她現在稱為「姿勢回饋」，確實讓人們感覺更強大。（她現在淡化了她最初主張的正面荷爾蒙效果。）

接著，在二〇一九年又有研究提出異議，指稱力量姿勢唯有在和無精打采的收縮姿勢（這讓人感覺更糟）相較之下，才顯得有效果；而它從未和正常站姿和坐姿做比較。在我個人而言的不科學小研究中，我認為採取超級英雄的站姿，或高舉雙臂呈現V字，或讓身體擺出一個大十字，都讓我有種近乎無敵的感受，只是這確實也讓你看起來有點像瘋子。

感恩

經過五年悲慘的不孕症和試管嬰兒治療，在懷上第一個寶寶時，我好害怕。徹徹底底，令人虛弱地嚇壞了。我害怕失去寶寶，害怕懷著寶寶，害怕先前服用的所有荷爾蒙和藥物可能會對我和寶寶造成影響，害怕吃錯東西，害怕正確東西吃得不足。我的友人瑪麗安．霍奇金告訴我，我應該試著心懷感恩。瑪麗安是緊急狀況的全球教育專家，極度擅長什麼時候該說什麼話。「因為很難同時感到害怕又心懷感恩。」儘管我技術上已心懷感恩，卻沒有真正使用它做為一種情緒，比較像是我知道自己應該抱持這種感覺。這是我第一次體驗感恩的心理心量。近年來，它已是一種眾所周知的現象，所以我在此迅速概括一下證據：培養感恩觀點讓人睡得更好；增加正面情緒，減少負面情緒；鼓勵利社會行為（pro-social behaviour）；增加創造力；減少寂寞；降低血壓；它甚至可能有助於縮短抑鬱發作期。它似乎毫無缺點。

你可能已聽說過「感恩日記」，也就是寫下每一天你覺得感恩的事，這可能是一種低投入高影響，並得以發展感恩肌肉的最快方法。（我一直認為，它跟晚禱及晨禱有密切關係。）我並沒有寫下來，但近五年來，我和史蒂芬每個晚上都會選擇三件值得感恩的事。這聽起有點做作，它的確做作，卻迫使我們即使在糟糕的日子中，也找到好事可說。事實上，還是有很難找到三件可說的事的不愉快日子，在這樣低迷的一天，所有客戶都像噩夢，最昂貴的器材壞了，網路故障，家裡的學步兒把豆泥抹在剛油漆好的牆壁上，我們會心情凝重地躺在床上，苦思有什麼事可說。但也正是這些日子，心懷感恩對我們的心靈有最大的影響。矛盾的是，在糟糕的日子中，很容易找到值得感謝的事，因為此時你會感謝醫師，感謝有地方可住，感謝我們設法有了孩子，或是讓日子可以過下去的所有人。整體來說，這個做法讓我的心態傾向於對普遍的小事感恩。我之前一直知道，對於能夠找到展開人生的地方，我應該要萬分感激。而現在，我確實感恩。

協助

這再怎麼強調也不為過：不要獨自難過。不管是無法解決的工作難題，還是更深切更長久的憂慮和悲傷感，都可以找到協助，別人會想要幫助你。如同我之前說過的，獨自工作族往往會認為自己比必要狀況還更孤獨；認為其他獨自工作族靠自己應付了我們無法應付的事。這真是大錯特錯，所有成功的獨自工作族背後都有著無形的團隊，而你也應當擁有一個團隊。人們喜歡覺得自己有用（輔導掙扎中的新進獨自工作者，讓我非常快樂），而不是找人幫忙，所以你必須求助。在探討人脈網絡的章節（見第十五章），對此會有更多討論；但如果生活或工作讓你驚恐，務必求助。（我的網站上有一個特別針對獨自工作者的資源列表，也持續更新中，請參見 www.howtoworkalone.com。）

咖啡因

咖啡因是全世界最受歡迎的精神藥物。我敢保證，它也是世界上造成長期焦慮和恐慌發作的主要但多半並未實現的因素。我過去經常在工作中經歷到雙手顫抖多汗、心悸、呼吸急促，這不是因為我有明確憂慮的事，而是因為我一天喝了三到四杯的馥列白咖啡。即使你對咖啡因的立即刺激作用已有抗耐性，但它在體內有著長達二十四小時的半衰期，所以它也會擾亂我的睡眠，我二十多歲的時候，很少在凌晨一點前入睡；現在，我發現太多咖啡因意味我會在凌晨三點醒來，憂慮或做計畫一、兩小時，但到了早上卻記不得任何想法。

我還沒完全戒除它，但已減量到清晨一杯含咖啡因咖啡，然後中午過後就不碰任何咖啡因，包括紅茶和綠茶。惱人的是，這有如魔法般生效了。我的睡眠狀況改善，比較早入睡，也睡比較久；比較不恐慌，也比較不會感覺情緒就要崩潰。（史蒂夫已完成戒除咖啡因；這解決了數十年的長期失眠，讓他比我更熱中宣傳戒除的好處。）

社會神化了咖啡因，我們的行為表現出這像是唯一能讓我們發揮功能的東西。我認為情況恰好相反：咖啡因讓我們在白天重複經歷了精神亢奮起伏，讓我們無法在夜間好好休整，如果我們設法睡著，咖啡因也影響了睡眠品質。對我們許多人來說，它妨礙了我們的功能，加強了焦慮和恐懼。對獨自工作者或辦公室員工都一樣，咖啡因可能融入我們日常的獎勵體制及休息時間當中，即使它索求的代價可能延續到夜晚。

第7章 專注和心流

多工是一種神話

阿薩．拉斯金想說聲抱歉。他是無限捲動的發明人，這種 Instagram、推特和臉書等網站所採行的連續網頁介面，讓我們只用一根手指便可以無限閱讀內容。「我很後悔當時沒有多加思考這東西會被怎樣運用。」他在人文技術中心所發起的善用技術運動中，如此說道。他說他仍對自己所創造的東西，以及它是如何導致智慧手機成癮、分心，甚至可能造成心理健康危機，而感到沮喪。

我為這一章做了非常多的研究，但有時我覺得可一句話總結：「如果你想要專注，就把手機放進抽屜。」或許兩句：「登出電子郵件或社群媒體帳號，並關上所有通知。」

不過，說比做容易，是吧？我寫下這些文字，是以一個明確有著智慧型手機使用問題的立場，而我也才剛開始控制這件事，我最佳的手機使用量大約在三小時，但最糟則一天高達七小時。這樣大量浪費生命在滑手機上，真是可怕得嚇人，而真正恐怖的部分是，查詢螢幕使用時間的數據後發現，儘管我的確使用手機做了許多實際的工作，卻總是花了兩、三小時在社群媒體上。我不是網紅，也沒有經營線上商務。我到底在做什麼？

我也知道其中的科學。我知道智慧手機會影響到我們專注有效完成工作，進而去做其他事的能力。（手機會讓我們分心，並且降低十分的智商。）我知道我們進入工作狀況後，最快四十秒就會打斷自己；或經常每隔三到四分鐘就會切換工作。我們平均一天檢查電子郵件七十四次，而有些人更高達四百次。

我知道因為我們一天有數百次被打斷，或是因為個人裝置打斷自己，而可能永遠無法真正專注，因為中斷之後，需要二十三分十五秒才能好好重新專注於工作。依據這種數據，一天只要中斷二十次，就意味著我們沒機會集中注意力。（我也知道自我打斷比外在打斷更具破壞性。）我知道這讓身體湧現皮質醇，讓我們隨時感受到難以解釋的低度壓力。

琳達．史東過去曾在蘋果和微軟公司工作，現在是技術與關注力的作家和顧問，她說這是：「持續的部分關注……是一種隨時隨地總在啟動中的行為，涉及一種人為的經常危機感。行使持續的部分關注時，我們總是處於高度戒備狀態。」

所以，如果想完成工作，把智慧手機收進抽屜，登出所有帳號，關掉通知。

獨自工作族熱愛生產力。蘇珊．艾許福教授研究獨立工作者後發現，獨自工作族「有一種執念，想要具備生產力、維持生產力，並找回其『真正』工作的生產力，而不是後勤工作……他們越是被抽離『真正』工作或陷入拖延狀態，他們就越是焦慮。」成為獨自工作者之後，沒有人會付酬勞給你放空發呆的工時，以及被無意義的會議、電子郵件及電話所吞噬的時間。保持專注，做完工作，準備完成工作，全都對我們很重要。建立在他人金錢上的效率不佳工作日是一回事，而建立在我們自己時間的效率不佳工作日又是另一回事。

然而，現今世界的安排方式對生產力很不利。幸好，獨自工作族比經濟體系中的任何人都具備更大的自由度可以掙扎，這未必是要從每一天擠出更多生產力，而是可以完成所需要完成的事，然後走開。

我們的大腦帶有偏好新奇的特質，我們熱愛開始。此時，新奇可能感覺有點像是具有生產力。並不是，它就像卡在玻璃窗前的蒼蠅那樣鑽來鑽去。而且，每當我們從一件事轉向另一件事時所得到的多巴胺讓人上癮。（更不用說從按讚及發言中所獲得的額外多巴胺了。）

儘管我們認為自己可以應付多重事務，從這件跳到下一件，但多工並不真的存在，至少在工作中不存在。我們的大腦就是辦不到。這個觀念讓我們感覺自己應該可以同時做大量的事。其實，實際狀況只是從一個未完成的差事跳到另一個未完成的差事（Instagram、工作、Instagram、網路銀行、工作、線上購物、臉書、工作、打電話、工作），而工作之間的每一次轉換，甚至是交換，都讓第一件事未能完成，而留下了一些注意力，使得注意力越來越分散薄弱。

這個問題被稱做「注意力殘留」，由華盛頓大學的蘇菲．勒羅伊博士所命名。當轉換工作時，沒有任何事情完成，甚至也沒有做好，而我們的大腦就像玩具中的電池電力減弱，慢慢耗盡對事情的注意力。這向來是大腦運作方式的一種特色，回到史前時期可能有其優點，但它真的無法應付現今的多重標籤、未讀郵件、趕不及的截止日期，以及爭取我們注意力的數十件事情。我們還是可以有一些多工能力，只要其中至少有一件事很簡單，或是慣常到讓人幾乎可以不假思索，像是做菜或燙衣服時一邊聊天，收拾待洗衣物時一邊聽播客，看電影時一邊吃飯。或許，你的工作也有一些方面符合要求：聽音樂時一邊修飾作品，或是抛光木頭等熟悉手作，以及打包要寄出的產品。我會在打掃攝影工作室，或擦亮在晚餐租用過的玻璃器皿時，一邊收聽電臺節目。但請注意，清單上並未包括準備年度銷售報告時，一邊查看 Instagram；煮飯時，一邊書寫社群媒體計畫；或是照顧小孩時，一邊校對。

當嘗試多工，或在先前差事未完成的情況下，展開新差事並蠶食專注力時，你的記憶也會比較不準確。你是否很難記住現在應該要做或準備要做的事？或是覺得自己像是忘了很多事？我經常堅定地走到書房，或是拿起手機準備打電話或增添行事曆事項，卻完全想不起自己準備做什麼。這是因為我們索求大腦的注意力，遠超過其所能處理。記住我們工作需要做的事，顯然很有用處；但不限制一般的記憶也表示我們會同時記住非工作生活的事務，像是生日、寄送感謝函、付帳單或家族活動。

即使你自認擁有一個傑出的大腦，事實上，你還是一次只能做一件聚焦任務。你可能覺得可以同時做幾件非常輕鬆的慣常差事，但大部分的事情還是一次一件會做得比較好。很難提供以上的範例清單，因為我一直在思考分散注意力而導致不良結果的情況：聊得太熱烈，意味我做菜燒焦了；我曾經因為一直在寫郵件，而錯過了火車停靠站；我曾經因為一直在講電話，而弄錯洗衣機指令。

分散注意力會讓工作完成較少而不利生產，但不僅僅如此，這也讓我們比較容易出錯。如同克里斯・貝利在其著作《極度專注力》中所指出，我們的大腦受到數以百萬計的資訊轟炸（他說，一秒一千一百萬個），但一次卻只能處理大約四十件。相對於所處世界的複雜性，我們的能力相當受限。

雖然轉換在事務之間時，我們可能會降低注意力，事情沒做完；而儘管如此會吸走我們的工作記憶，大腦還是默默在掌握任何被打斷的事情。我們或許喜歡新鮮事，但大腦也喜歡結論。這就是所謂的蔡格尼效應，基本上這意味著每當我們被打斷，事情就暫存在我們的大腦（這也是電視「欲知詳情下回分曉」如此有效的原因：未完成的故事情節總是縈繞心頭）。蔡格尼效應會讓我們的感覺深陷在一種普遍心緒，即很多地方有很多事要做，而且沒有足夠的時間去做。它減少了我們剩餘的心智頻寬，這也是另一個理由說明為何要一次做一件事，並且如果可能就完成它。（所以給予自己實際的待辦清單，並且確實完成上面的事項，才會如此重要，本章稍後會繼續探討。）

而我能夠擁有的美好日子，是當我記住這一點：人類很了不起，但從資訊管理的角度來說，我們並不具備完善處理一切的能力，即使面對的是前數位時代。

當需要努力因應每一刻醒來就襲向我們的資訊浪潮時，相信自己可以負擔處理並應付世界丟給我們的任何事，會讓我們陷入麻煩。如同《不勝負荷》一書作者布里吉德．舒爾特對我說的：「想要有生產力並完成事情，是有各式各樣的策略、生活祕訣、竅門及技巧，但它歸結到最初及最重要的一步，就是為自己建立可實現的期望和優先事項，並學會原諒自己，因為你不是超人。」

有很長一段時間，多工運作一直被視為是志向遠大的行為：你這麼忙，這麼重要，有這麼多要做的事，對於複雜的雜耍表演也很熟練。只是，沒有人擅長雜耍。期待擅長多工，讓我們在事情不順利時，自覺像是搞砸了，不管是小事，我們在下雨天把傘忘在前往會議的途中；或大事，我們忘記把 Power-point 的簡報帶去同一個會議。一個雖然比較不引人入勝但比較好的替代意象是，一個人一次只丟一顆球，然後丟高接住，丟高接住。

生產力不是美德

如同組織心理學家亞當．葛蘭特時常提醒的，生產力是一種結果，而不是美德。它是讓我們到達目的地的一種方式。把自己的生產力當成一天最重要的事，但這其實代表不了什麼。你的生產力可以來自分類迴紋針、訂購文具，但這無法讓你產生工作效率。葛蘭特鼓勵我們的快樂是放在生產力可能帶來的結果，而不是生產力本身。他要我們思考我們的工作可能幫助到的人、從中得到快樂的人、可能要仰賴我們工作的人，以及不管情況有多麼微小，我們的工作會如何讓世界進步。想到可能會重視或喜愛這項成果的潛在讀者，我就更有動力去完成作品，這讓我更有生產力，也讓日子更為美好。

雅美莉亞．道納森是「珍愛髮辮」的創始人，這家極其成功的公司以黑人女性為訴求，提供天然護髮產品訂購箱。她提出了這樣的看法：「要把認為自己必須一直創造的這種壓力移除，空杯子倒不出東西。就長期來說，安靜帶著筆記本來組織想法的日子，會比起不斷回覆郵件這種緊湊日子，更具生產力也更有用處。別讓你的待辦事項愚弄你。」

常規

「每一天早上都必須從零開始創造自我，這種困難度遠遠超越沒嘗試過的人所想像的。」瑪格麗特．赫弗南告訴我：「他們看到的是自由，而我們看到的是眾多的選項：我可以留在床上，我可以寫一本新書，我可以預訂假期，我可以打電話給朋友，每天早上我都有一百萬件不同的事可以做，因為沒有人會跟我說不可以。擁有這麼多的自由，其實是真的很難掌理。」剛開始，當離開組織的限制（如果這是你單飛人生開始的方式），感覺真是太美好了，她說：「然後，就有點荒謬。我以前沒法做任何想要做的事，但現在我可以做想要的每一件事。我要從哪裡開始？你往往會選擇感覺比較急迫的事：『哎呀！我需要賺點錢。』或是『哎呀！我需要趕上截止日。』某種程度上，這沒問題，因為這些事很重要，但隨著時間一久，每一天早上都必須創造自我讓人精疲力竭。」結果就是，赫弗南十分恪守她的常規，以確保她一天的開始和結束。「我是那種很容易工作過量，而不是工作減量的人，不過依照常規，例如，我九點會在書桌就定位，對擔心自己成為懶鬼的人來說很有好處。」

根據生產力教練凱倫．艾爾懷特的說法，常規提供了架構。艾爾懷特辭去英國行政部門的高層長官工作，以協助人們從日子中得到適量收穫。「我大部分的客戶都不了解架構，也不是十分了解這對他們會是一個問題。他們只知道情況不對勁，他們真的覺得像被壓垮了，無法專注，也無法開始做事。不過，我們是群居動物，我認為很多人外出並通勤工作有其道理：因為我們喜歡去做別人做的事，喜歡擁有為我們打造的架構和節奏；從事其他人都在做的事，創造出常規和常態的觀念。當人們待在家裡，就失去了這一點。」

最近有個客戶剛離開辦公室工作，成為獨自工作者的新鮮人。她深陷在苦惱焦慮之中，因為總認為自己很努力，卻始終無法專注。艾爾懷特建立一個架構，其中就簡單包含不要居家工作，因為發現家裡就是讓這個客戶感覺極度孤立和孤獨的原因。艾爾懷特鼓勵她每天上午七點三十分離開公寓，前往一個共享工作空間或咖啡館。「後來發現，一早工作會讓她聯想到努力工作。」她說。居家工作容許開始時間飄移，造成她根本無法開始。「之前她並未意識到這會是問題，但它的確讓情況百分之百不同。」

常規對於專注至關重要，因為它有助於讓專注成為習慣。習慣不需要太多的意志力，而且看起來我們每天的意志力都很有限。如果在何時回到書桌、工作檯與筆電的自我角力中用掉了意志力；那麼當因為別的事情而需要意志力時，就會發現很難取用它。經常和自己爭論何時及是否要開始工作，讓人精疲力竭。

我們需要意志力以便讓我們在需要的時段留在書桌前，並阻止我們非必要點擊社群媒體、玩電腦遊戲，協助我們在獨自工作的日子做出適當的飲食選擇，並記得停下工作稍事休息。我們需要自制力來阻止自己超時工作，需要它來協助我們在休息時和工作切割，也協助我們運動和得到足夠睡眠。意志力有其限度，所以讓人難以抗拒下午的餅乾，而即使你告訴自己今晚要去健身房、不喝紅酒，卻很難維持這個決心到晚上七點鐘。

「人類並不擅長在當下做出對他們長期有好處的決定。」布里吉德．舒爾特說：「我們往往會有一種所謂的現時偏向，我們在當下思考，在當下做決定。」如果預先為日子建立好架構，就用不著隨時基於現下的狀況做出臨時決定，這表示不管是因為這架構能帶來較多業務、拓展人脈，或只是趕上截止日，你的選擇都可以有較好的長期成果。

按照常規會讓這一切都變得較為容易。如果一天或一星期的部分時間已有固定習慣，就不需要太多意志力。上午九點半開始工作，下午五點半收工；中午過後才查看郵件；不去買餅乾；平日晚上不喝酒；你不想讓一個友人失望，所以計畫兩人一起去健身房。這些都是過去做的決定，用不著現在下決定。

無可否認，你的確需要一些意志力來按照常規，但強度可遠遠少於必須每一天都創立行程的日子。當然，其間會出現一些打斷、分心和出乎意料的事件，但只要知道被打斷時，自己應該是在做什麼，這些就全都可以復原。

更好的是，被打斷時，為如何回到原本在做的事，制訂計畫。蘇菲·勒羅伊（創造「注意力殘留」這個名詞的學者）曾發表一篇文章揭示，人們被打斷時，花一點時間寫下原本事情做到哪裡及如何返回工作，就能夠直接重拾，而且做得跟之前一樣好。被打斷而沒有制訂計畫的人，就會花比較久的時間，事情本身的進展也比較不順利。

以現實生活的說法，這就像貼書籤到正在看的小說，你可以放下，而且有把握知道要從哪裡接下去。而付諸實踐就是表示，每當電話響起，或必須離開去開會，記下正在做的事以及要從哪裡繼續。

這也涉及設定通訊界限，如果你埋首一件作品，狀況又十分順利，就用不著接電話或立即回答訊息。如同先前討論過的，我們天生熱愛新鮮事和社交接觸。但如果時機不對，這些事可能毀掉一整個工作日，迫使我們工作期間會比真正需要的時間還長。而這些時間在我們閒暇時，原本可以用來和真實人們做實際社交接觸。

至於要怎麼找到我們每個人合適的常規形式。「全都是實驗，沒有人可以一開始就明白。」舒爾特對我說：「這是適應和改變的過程。要清楚你的優先順序：設立目標、意圖和價值。然後，看看是否能找到協助你了解它們的體系，這就是你的小實驗。」先嘗試一星期，然後停下來思考：「好，這管用嗎？我怎麼調整？」或是：「好，現在X已經處理好，我要來嘗試Y了。」

「身為獨自工作者，你能否一星期一次和新認識的人共進午餐？」舒爾特問：「星期三是你的人脈社交日嗎？星期四是招徠新商務的日子嗎？星期一是你的寫作日嗎？你可有內居日和外出日？內居日做實際的工作；而外出日則去建立關係、取得靈感和新商務？建立有助於做出當下好決定的體系，而這些決定可以讓你達成長期目標，如此一來便能大大幫助你感覺輕鬆自在。」

電視主持人兼探險家里維森．伍德從軍隊退役後，前三年的時間完全沒有常規行事。「這很不好過，因為包括了太多不可預知和不穩定性。」他告訴我：「這三年間，我創立了一個叫做祕密羅盤的小型探險公司，基本上就是無家可歸。我從軍隊的包吃包住環境，變成在探險行程休息期間去睡夥伴家的地板。我夜以繼日地工作，凌晨三點回信，七點起床。我的意思是，所有事都是工作，我大約有五年不曾有過假期。」

今日，他訂下了穩固的常規。伍德的常規不是按照一星期去安排，而是選擇把工作和非工作生活各分成一段日子，現在他的事業已比較穩定，他負擔得起這樣的行事。「我預先安排長達十二個月的行程，並且像真正的工作那樣劃分一些假期。我會留下時間給自己，這樣做對個人的健康福祉及社交生活都很重要，如果離開整段時間或一直在工作，人們就不會再邀請你參加婚禮之類的，你就無法擁有任何有用的人際關係。」現在，他會連續好幾天從事寫書等工作，然後獎賞自己一段休息時間，並且拉出隔離線以免工作滲入非工作期間。「我會非常努力恪守工時，然後就放下直到隔天。你必須嚴格遵守。」

「我需要有常規！」Pepper Your Talk 網站創始人荻歐・貝迪亞哥說。這個網站是針對進入時尚事業的年輕人提供的支持和社交網絡平臺。「這是關鍵。我在共享空間工作，我是其中極為少數真的喜歡搭火車的人。我喜歡把日子分成區塊，早上醒來，準備就緒，跳上火車，然後工作。」午餐時間，她一定會離開工作大樓，喜歡趁機對人們進行一些時尚觀察。「我喜歡觀察其他人怎麼為一天打扮，我不知道這是否很怪異，不知道這是否因為我在時尚業，但我真的很喜歡看著人們選擇的不同形象。人們是怎麼選擇為一天打扮自己，給了我許多啟發。」她也沒有執著於保持專注。「我認為我們可能會給自己太多壓力，想要隨時都能超級專注。沒辦法那麼專注時，我不會苛求自己，因為我是凡人。」

了解其他人是怎麼從事你所做的事或想要做的事，是一種可以用來評估適合自己的常規的簡易方法。電影作曲家尼古拉斯·霍柏告訴我，他受到作曲家班傑明·布瑞頓的啟發而選擇（非常井然有序及重複的）常規。布瑞頓按照非常精確的時刻表工作：九點到午餐間工作，接著散步、回信，再工作到晚上八點，晚餐後早早上床睡覺。不過，朝九晚五的常規時間或許讓你覺得受限制，或許你是夜貓子，喜歡工作到電話不會響起的晚上。你不需要選擇傳統的常規，也不需要每天或每星期都看起來一樣。

有些獨自工作者或許比較適合每天建立新常規，只是會有一些固定的限制因素，像是開始和結束的時間。如果這樣的話，在前一天末了再決定隔天的狀況通常比較容易。酒類作家維多利亞·摩爾向來在前天晚上訂立隔天的計畫。「我把一切分割成微小部分、待辦事項及迷你截止日，這是我時間管理和精力管理的一部分。」她告訴我：「我每晚睡覺前都會先坐下來寫下隔天的待辦事項，有時我會在上午擬訂，但這樣始終沒什麼效果，因為我很在意一天要有好的開始。如果我花許多時間在忙亂列出待辦清單，就會消磨一些美好的新活力。在前一晚擬訂非常重要，這有點像是為自己設定隔天的程序，如果沒有預先設定，我的效率就會變差。」

凱倫·艾爾懷特在課程中，會採取一種她稱為「理想星期」的技巧來協助人們創立常規，利用記事本上的空白週程表或線上日程表來設計夢想工作週的應該樣貌。

「這迫使你面對你擁有多少小時。」她說：「我們腦海都了解自己擁有多少時間，以及事情要花多少時間完成。這也協助擺脫必須朝九晚五工作的想法，讓人們能夠對各自時間有不同看法，去思考：我什麼時間想工作？如何運用我可能覺得無法利用的片段時間？我怎麼和一起生活的人談論這件事？」

第一個任務就是分配每週時間給必須做的事，區隔家務事及採購行程，這些事情很容易偷渡進入工作日。對於需要做什麼事、多久一次以及什麼時間做，努力實事求是，像我喜歡送走孩子後就去散步，然後直接去工作。但如果早餐沒有清理完畢，會讓我很難受。我和艾爾懷特談起這件事（她一定聽得很入迷），她建議我留到配置的休息時段。我嘗試過，結果發現對我來說，這種特定的髒亂會干擾我的注意力，因為這是未完成的事務，令人討厭的記憶，知道它已完成，而不是等著我去做，我的工作狀況就會比較好。了解這一點之後，它就不再讓我每天充滿怒氣。

「把必須做的事放在一週行程，就可以清楚確認工作時間和非工作時間，接下來我建議好好思索自己最有效率、最專心的時間。什麼時候最適合從事需要專注埋首的工作？這可能是寫作、策略思考，或是回覆真的非常棘手的客戶問題。對許多人來說，這是在上午的第一件事，所以我跟許多客戶提過如何保護一天的最初時段，把其他工作移到稍後去做。而有些人的最佳思考時間是在下午或晚上，重點是按照不同類型的工作，劃分工作時間的區塊。」

間吃早餐。

艾爾懷特家中有一個幼兒，一星期只送兩天托幼服務。她提到早上她有一個片段時間可以運用，七點到七點四十五分之間完成四十五分鐘的工作，而她的先生會在這段時間吃早餐。

理想星期的訓練也用在指派時段到不處於工作模式時間的一種方式，把時程擺在眼前，就比較容易遵守。與其保有「這是週末，我不應該工作」的模糊觀念，你可以分配一段時間，像是週日晚上或週六上午兩小時，心想什麼時候可以處理未完成的工作，這可以阻止你的大腦一直想著它。（我建議早做早好，這樣就不會在停工時段一直感受到它的壓力，但其他時間管理專家，像是商務作家蘿拉・范德康認為在週日晚上安排一、兩小時，有助於安排更好的一週行程，也可以實驗看看。）

安排完畢之後，接下來要努力落實行程表的現實版本。「不是說每一星期都會完全按照它行事，也不是為生活的每一刻安排計畫，晚十分鐘做某件事苛責自己。」艾爾懷特說：「有時就是會不順利。但是，藉由書寫，清楚了解理想星期的樣貌，讓你比較有可能開始朝著理想狀況，順應你的習慣和常規，並且做出支持它的決定。例如，在我的理想星期中，我會在特定日子約見客戶。當客戶問我什麼時段有空，因為安排過理想星期，我想起不可提供任何一天的下午兩點鐘時段，而只會提供我想要約見客戶的日子。如果他們這些日子不方便，接不接受就看他們，然後我會調整，但因為首先提供的是我希望的工作日，這就顯著增加我擁有最適合自己工作模式的機會。」

如同本書所提出的任何觀點，這是在於實際切身了解要讓我們的工作有效完成，需要什麼，然後朝著這個目標前進，同時也要原諒自己。「我跟許多客戶如果談過原先的打算未能實現，他們的B計畫是什麼。或許他們有個晚上睡得特別不好，等坐到書桌前，注意力就被拉到收件匣，而不是挖出困難的客戶簡報來開始做。一小時後，等察覺到狀況，他們可能會本能這麼想：『我失敗了，我沒有做原本打算做的事，所以可能會一直這麼走下去。』改變這種心態並發展出較親切的自我對話方式，意指即使開頭不佳，我們還是可以回到當天的規劃。發生這種狀況時，可能需要一種特別的儀式，像是去泡杯茶；等回到書桌，你就可以重新回到計畫。或是可能接受今天就是狀況不好，但明天會是全新的開始。」

艾爾懷特同時建議我們在從非工作轉換到工作時段之間，建立過渡儀式，尤其居家工作更是需要如此。「對有些人來說，換上合適服裝是一種向大腦發出現在是工作模式的訊號；另一種想法是點燃只有在工作時才使用的蠟燭，這本身幾乎就像是一種治療，而且工作期間可以實際看到蠟燭慢慢燒完。」

我也有個人儀式，只是原本並未察覺。有好長一段時間，我非常負面看待自己每天上午的緩慢效率，儘管上午六點半起床，卻常常等到九點四十五分或十點才會坐下來工作，這讓我十分抓狂。之前我都在做什麼？為什麼不能像我老公那樣在八點淋浴並且開始工作？

事實在於，他做的事、他這個人和他工作的方式和我非常不同，我不應該也不能以他的行為來批判自己。唯一重要的是我的工作方式，而對於怎麼讓你有效率地完成工作，也同樣如此。

我可以不整理頭髮、不化妝，也不要仔細挑選要穿的衣服，就隨便套上襯衫牛仔褲來「節省」時間，卻沒辦法把自己過渡進入工作心境。當我不管因為什麼理由省略了這些儀式，在原本通常用來閒晃的那段時間，我也不會做多少工作，對其他人來說，這段時間是用來通勤、買咖啡，和同事打招呼，然後輕鬆展開一天行程。新冠病毒疫情的爆發對突然被迫居家工作的人來說很難熬，他們被剝奪了未意識到的儀式，許多人很難在工作和非工作的空間以及時間劃出界限，直接結果就是發現難以專心、難有生產力。

就某方面來說，我整理頭髮和化妝的習慣是膚淺的，而且可能只是虛榮使然，大部分的日子幾乎沒有人會見到我，所以沒有顯現幹練外表的真正需要。但這對我很重要，並且促進自我感知。畫出上翹的眼線，是我辨識自我的一部分；如果讓這一些小細節全都溜走，那麼我是誰呢？而如果我一直自問這樣的存在問題，那絕對肯定我不會完成太多工作。

如果居家工作期間，你很容易被拉進家務事，那麼這些儀式就是強大的預防措施。你打扮整齊去工作，而不是洗衣服，而且如果你如艾爾懷特建議，事先分配家務事時間，兩者都可以避免被家務事吞沒。（當然，你的儀式可能不一樣，可能和眼線比較無關。

許多人建議做瑜伽或靜思正念，做為展開一天工作的方式，這些都很棒，但我也知道有許多家庭的早上非常狂亂。許多上午儀式的小技巧訴求創造性想像、肯定或日誌……這些都很好，只要對你有效。但是，它們也可能是你喜歡的事，像是站在門廊、拿著特定的馬克杯喝咖啡，一邊看著世界走過；或者去跑步，或是像數位策略師薇薇安．努里茲那樣，在早餐時間看著前一晚史蒂芬．柯柏主持的《深夜秀》，看完之後，她就知道工作的時間到了。）

反之亦然，進行工作日結束儀式，像是寫下明天待辦事項、關閉裝置電源，把手機上如 Slack 等郵件或工作相關的 App 功能關掉，換衣服，沖澡，收拾好工作以免看到它，或是關上書房的門，全都有助於我們過渡到非工作生活，也讓我們維持這種狀況。

只問結果

「只問結果的工作環境」（Results-Only Work Environment, ROWE）是在二〇〇〇年代中期，由卡莉．雷斯勒和裘蒂．辛普森在美國的百思買電器行發明的，兩人合著了暢銷書《員工不進辦公室，ＢＯＳＳ更輕鬆》，並創立了協助其他公司成為ＲＯＷＥ的顧問公司。前提是，如果公司廢除朝九晚五的工作要求，讓員工完全自主，那麼效益和生產力都會突破天花板。不再有家庭和工作需求之間的拉鋸戰，只要工作能夠完成，就可自由選擇工作時間和地點，以及不受限制的休息時間。其中沒有太多關於這方案的數據，但透過採行ROWE的員工在工作日的睡眠時間幾乎增加一小時，也有更多運動；而採用ROWE的企業降低員工流動率，並且提升士氣。雷勒斯和辛普森評估其共事的ROWE團隊生產力增加了百分之四十一。

我喜歡讓獨自工作族了解這個理念，因為它讓我們從傳統常規最有效的想法中解放出來。唯一的問題是：工作真的做完了嗎？

就ROWE的觀念，下午兩點到工作崗位不算遲到，就跟下午兩點離開工作崗位一樣不算早退。星期三上午去採購也沒關係，用不著在辦公桌前坐滿整整八小時。只要做完工作，休息時間不受限。

剛開始成為自由工作者的時候，我採取原有的辦公室行程。儘管常規是個好東西，但每當我的上午九點半到下午五點的工作常規因為生活或我想休息一下而中斷時，我就有罪惡感。（這可真感謝喀爾文教派的工作道德規範啊！）我為什麼感到罪惡感？又沒有組織在後面緊迫盯人。唯一知道我何時開始和結束工作的人是我。只因為我沖了兩杯咖啡，或上午九點四十二分仍在沖澡，就湧現了一種浪費時間的重大罪惡感。

事實上，唯一重要的是，工作有沒有完成。我認為我們在此可以應用任何方法。可以是：案子有在這星期做完嗎？我有達到本月目標嗎？也可以是：我是否有設法省下找朋友的足夠時間？我這個月是否有和家人共度足夠的時光？我這個月是否有成功做到一

了解你的時間

了解目前時間的安排狀況，是建立一個新常規或改進常規的另一部分。我們已知道，當獨自工作，沒有回報對象時，時間有多麼容易被假工作及可從待辦清單勾除的優先輕鬆工作所占據，讓一天感覺充實且有生產力，但實際上你卻是把大部分時間用來訂購名片、回覆每一封郵件以便清空收件匣。（收件匣歸零在我們家是個產生歧異的話題，我老公認為我的收件匣亂得嚇人。而我認為，這真是浪費時間，在有人付錢給我工作的期間，或是我可以做非工作的事，卻要費力看完每天收到的一百五十封郵件，即使我已配置所能找到的各種過濾信件及管理系統。然而，他真的還是看不下去。）

有時間和地點來做這類工作，但不應該占據一整天的時間。長遠來說，這讓人不滿足，而更重要的是，獨自工作時，這是沒有報酬的。「發送電子郵件感覺像是做完工作。」Cubbitts 眼鏡創始人湯瑪斯・博洛頓告訴我：「但我認為這是電子郵件做為通訊形式的問題之一，越有生產力的一天，就寄送越多郵件，結果也越快得到回信。你的生產力只會創造一堆不斷出現的待做工作。」

針對包括高層主管在內的繁忙工作者，商務和時間管理大師蘿拉・范德康提出一個極有幫助的祕訣。她要他們記下三十分鐘為單位的生活時程表，不分日夜，進行兩星期。（可以從她的網站：lauravanderkam.com，下載範本。）對她一些研究對象來說，這是意指如何在緊湊的一星期行程中，安排額外的拉丁文課程，或擠出馬拉松的訓練時間。（劇透：令人悲傷的是，答案似乎總是少看一些電視或是更加早起。）但對於其他人，還有我，這只是關於好好檢視生活真實的樣貌，以及如何運用一星期一六八小時。

我親身執行之後，發現了很有趣的事，這不只是我花了不必要的一星期七小時交通時間去開會。我覺得自己像是一星期工作六十小時，而且真的相信事實如此。

其實不然。我工作三十八小時，分散在六天當中。這個工時仍舊不少，但有助於我從失控和不堪負荷的心態抽離，回到掌控自己工作方式並妥善管理它的感覺。范德康經常對其研究對象展現同樣的結果：說自己一星期工作七十五小時的人，發現自己工作不到五十小時。如她所說：「相較於知道自己通常一星期工作五十五小時，如果認為自己是工作八十小時，就會做出不同的優化嘗試。」就我的經驗，如果得知工作其實沒有入侵整個生活，對工作的感覺就會非常不一樣。

記錄一天的行程表，讓人清楚了解自己如何運用時間，以及這樣是否合理。花兩小時在郵件？一小時在社群媒體的更新？十分鐘吃午餐？一定有許多時間可以更加妥善使用，不見得要填上更多工作，但如果不追蹤時間，就看不出這些問題。

我在我的時程表加入工作大師卡爾．紐波特提供的另一個技巧。紐波特對於生產力的節奏很感興趣，也開始以半小時為單位評估生產力等級。我很快就了解狀況，上午是我處理煩人工作的最佳時段：寫請款單、訂購日用補給以及研究調查。一直到大約下午兩點，我才會真正進入創作區間，理想上我會一直寫到晚上八點。（這完全不適合家有幼兒。）有時，我有一些必須先處理的創作性或知識性工作，這非常有助於了解為何在那段時間進行，我會感覺如此困難的原因。我現在比較容易原諒自己，比較不會陷入絕望之中。我現在也試著按照艾爾懷特的忠告，把郵件留到剛吃完午餐的大腦緩慢期，這是她聽到我抱怨上午時間經常流逝在處理郵件之中所給出的意見。（順便一提，她極度不贊同我的收件匣原則。收件匣裡有數千封未讀信件真的不會困擾我，因為對我來說，這代表一種資料庫和資源，真的都不需要採取行動。不過，我了解她的看法，如果收件匣確實是這種狀況，這代表數千件未完成的事，可能會造成巨大心理壓力。）

你可能會有不同狀況，大部分人的創作高峰是在一大早，許多人會特別早起以抓住這段時光。小說家村上春樹清晨四點鐘起床，安東尼·特羅洛普從早上五點半開始寫作，在同時保有英國郵局全職工作的情況下，創作了六十三本作品。重點不在於你的一天屬於哪一種方式，而是要找出個人的節奏，根據自己大腦的運作情況來打造各自的工作日，不是強迫自己按照十九世紀工廠老闆所制定的節奏。擁有選擇自由的獨自工作者，可不會這麼做。

待辦清單怎麼寫（在什麼地方及什麼時間）？

你對你的待辦清單費了多少思量？是否有特別書寫方式？可有標題？你知道最緊急的事項嗎？我猜想我們大部分的人只是寫下必須要做的事，然後就結束了。我就是這樣，直到我訪談了個人責任教練奈特．里奇，她提供了一種新的處理方法。（她拒絕為自己追求目標，她的工作室命名為「不搞砸你的生活，不搞砸你的錢」。）我當時處於低潮，除了在寫這本書之外，還要為《衛報》撰寫一件重大的調查報導，苦苦掙扎在設法接送小孩的行程中，無法妥善處理生日禮物，也完全沒有運動。我有兩份清單，並列貼起，一份是工作待辦清單，另一份是個人待辦清單。（塞滿始終未能完成的事項。）說真的，我們的對話變成了一種課程，到最後我的眼淚幾乎奪眶而出，我根本沒想過會這樣。因為結果發現，待辦清單可以讓你感覺到許多事，而我的清單讓我感覺糟透了。

我們數了一下，我在這兩份清單中有二十七項個人事務。

「妳安排待辦清單的做法就是清空腦袋，卻沒有做區隔。」她告訴我：「所以如果查看待辦清單，妳會像這樣：『天哪，我有一百萬件事情要做。』」我正是這種感覺。里奇建議我一個理想做法：每天從清單挑出三件事，三件絕對最為重要的事，然後每天都致力完成它，而做完其他事就視為額外收穫。既然我有二十七件事待辦，想到它就給我近乎心悸的感覺，但我認為部分問題是在於，我非常匆忙地草草寫下了每一個我需要做的小事。選擇最重要的三件事，也被視為「三法則」，遠比我高層的權力人士在生活中也採用這個法則，所以它非常有效。在里奇調整過我的清單安排後，就變得比較容易繼續了。

主要問題是，我的清單很隨意，就是重要的事情擺下方，或許再加上一些圈圈和星號，但還是很難看見；而基本的事項擺上方，完全沒有模式可言。同樣地，極為重要和緊急的事項會在個人清單上，例如我老公的四十歲生日禮物，但也經常被忘記，因為它們放在個人待辦清單，即比較不重要的頁面，於是就這麼隱沒了。

跟著里奇，我設計了一個新格式，我把頁面分成三組。現在，所有緊急的事項都放在「最後期限」底下，不管它和工作有無關係；財務事項則放在「金錢」底下，不管是工作請款或是支付學校旅行；而我需要談話或寫郵件的人就放在「聯絡」底下。我現在可以清楚看出需要先做的事；而當其他區域的事項變得較為緊急，就可以轉換到「最後期限」之中。

我很常不只完成三件事，但關鍵在於最重要的事情先做，因為它們終究是會產生最大回報的事項。（這是 80/20 法則或稱帕累托法則的另一種版本，即百分之八十的價值來自於關鍵百分之二十的努力和時間。）記住，最重要的事不代表是最緊急的事，有時候是，但有時沒有明顯最後期限的事卻帶來長期的重大好處，像是重新設計網站或建立新的作品集。

一般說來，我認為自己是分隔者，而不是合併者，就是需要把工作和其餘生活區分開來的人，而不是會對兩件事融合或交替感到愉快的人。但顯然，涉及擬訂清單時，這並不管用，我分隔得太明確，結果所有個人事務都沒辦到，這讓我感覺自己的事情毫無價值。現在，因為我可以跨越兩者看出最重要和最緊急的事，就可以選擇先做完這些事。

這不是讓我想哭的部分，而是當我了解到清單上有多少事讓我感到內疚。其中有八件引發罪惡感的事，而當中又有許多是我不斷從之前清單轉移過來，這是另一個讓自己感覺無能的好方式。「罪惡感很沉重。」里奇說：「這會在其他事之前壓垮你，任何讓你有罪惡感的事都必須解決。你需要飛越清單上的罪惡感事項，你可以設定優先順序，把清單上讓你覺得愧疚的事，在當天結束前做完。」

罪惡感的原因形形色色，我出現罪惡感，因為沒有妥善安排就快到來的四十歲生日禮物；因為我還沒有把分擔的度假費用交給妹妹；因為儘管已經承諾會做，卻還沒完成社群媒體的工作室貼文；也因為我不知如何轉換網站，而付了兩家不同網站供應商的費用。不過，真正奇怪的是，當我一確認這種感覺，所有事務都變得可行。那一天，我真的全部擺脫了它們。

這是關於咒語「吃掉那隻青蛙」的一種更為細緻的思考方式，這已有十多年歷史的生產力方法來自博恩．崔西所撰寫的同名著作《時間管理：先吃掉那隻青蛙》。崔西鼓勵工作者在一天的開始，先做最困難且最重大的差事（「吃掉那隻青蛙」）。有時候，的確需要先把這些事做完，否則它們就會縈繞心頭，讓你覺得沉重悔恨，但先吃掉它們是否對你有效，全看你的晝夜節律和超晝夜節律。我要到下午才會真的變得有創造力，所以只因為撰寫巨著是最重要及最讓人害怕的事，我就在上午十點坐下來開始寫作，可不會出現太有可讀性的成果。

里奇較有感染力的方式對我有更大的衝擊。我需要知道為何自己不想去做不斷搬移在清單之間的沉重事項。有幾隻青蛙嚇壞我了。要是我沒有足夠的錢付給妹妹呢？（我有。）要是我搞砸網站供應商的事情，而無法存取商務郵件信箱呢？我會一再告訴自己，就去把事情做完，但它們給我的感覺讓我動彈不得。一旦知道這是罪惡感和害怕，我就能夠自在地全部做完它們。

當然，感覺不是壞事。另一個讓待辦清單更具可行性的有趣技巧就是，對上面的事項更有感覺。這理論是如果你可以在每個事項找到意義，你完成事項會幫助到誰，或讓誰高興或使用，那麼清單就比較不會讓人覺得不堪負荷。它不再是一堆待翻攪的事項，完成它會有情緒共鳴。

你也可以嘗試做待辦清單和待憶清單。我往往會把所有東西全塞進一張紙，這讓我的清單看起來混亂不堪，令人膽怯。不過有時，我的事務其實不是待辦，而是待記憶，像是我必須寫給國家地理雜誌的稿子兩個月才截稿，以及我的護照半年就到期。把它們全放進同一個清單，會使清單像是更加難以處理。這些事項現在都列入我的線上行事曆，會在確實需要完成的時刻，以電子郵件通知我把它們放入真正的待辦清單。酒類作家維多利亞・摩爾有兩份清單，一份是待辦清單，另一份她稱為「冰箱清單」，她會在這份清單列出想要達成的大事，這可以是任何事，從想要寫的書到擁有一個花園，以及幾年後生寶寶（我很開心地告訴大家，這件事已經發生了。）

在什麼地方寫下清單可能更加重要。儘管有許多記錄待辦事項的 App 及管理工作流程的平臺，但用真正的筆，在真正的紙上寫下文字，似乎會讓我們的記憶更清楚。

你使用的文字也很重要：「完成網頁」看起來不可能，但「為網頁最後頁面選擇內容，上傳並做最後確認」就建立了一系列可做且可管理的事務。「寫報告」比「計畫報告架構」看起來可怕多了。有很好的證據顯示，你寫的內容會影響你是否會做它。明確具體的敘述很有力量，這同樣適用於目標、意圖及任務上面。「更多運動」就和「完成方案」一樣模糊，「賺多一點」、「花少一點」和「吃好一點」也同樣如此。研究指出，當人們採用明確具體的表示，像是「星期一、星期四和星期六去跑步」以及「簡報增加圖像，檢查文法，列印」，意味你更有機會同時完成。

然而，另一個選項，我知道我像是提供了如何列清單的美味自助餐選擇，是建立每天的日程表，其中列出需要做的事項。所以，如果你有許多人需要聯繫，他們就可以成團放在用來處理電子郵件的時段，然後不要理會收件匣，一直等到下個預訂時段。同樣的方法也可以用在打電話、請款、打包商品郵寄、社群媒體、寫作、製作和準備商品等等。

就像瑪格麗特・赫弗南的批量處理手法，這可以讓你更快解決特定的待辦事項，而且至少理論上，應該有助於我們減少打斷自己的次數，因為現在該做什麼很明確。

我這麼做的時候，有時會設定兩個計時器，一個是在兩小時過後響鈴，另一個會在這時段每四十五分鐘響一次，提醒我休息五分鐘。（也就是所謂的番茄工作法 Pomodoro Technique，這不只有益於心智休息，對身體休息也有幫助。）這種做法的缺點是，它需要紀律，你不能直接忽視計時器做別的事，或是比應有的時間做得更久。而優點是，這就像肌肉力量，可以藉由訓練增強。從半小時的短暫時段著手，慢慢增加時間長度，就像在健身房逐漸增加重量一樣，這樣讓它比較不讓人生畏。（我第一次嘗試時，怒氣沖沖地放棄了，因為野心太大，在第一天就進行三小時時段。）建立一個截止時間，也可以避免單一工作擴展到占據一整天。

然而，不管選擇怎樣的待辦清單形式，我們也需要對一天能夠完成的工作抱持超實際的態度，尤其是當你決定設定工作時段。「有一種稱為『規劃謬誤』的奇妙現象。」布里吉德・舒爾特告訴我：「多年來的一些行為科學實驗揭露了我們現在都已得知的事實，就是人類很不擅長估算事情要花費多少時間。我們過分低估事情需要耗費的時間，所以總是瞎忙一場。過度承諾是人類的特性。得知這一點，我如釋重負！我之前一直在想：『我可以在星期四前做完它』，然後星期五到來，我甚至還沒開始，我會感覺好失敗。我老是遲到，接孩子遲到，還有一次錯過女兒的耶誕音樂會。」

這很多是出自「現時偏向」的問題。「不管你現下正在做什麼，都重要到真的難以改變。」舒爾特說：「我想我後來了解到的是，我就像是身體龐大的兩歲小孩，轉換很困難，因為很難從一件事換到另一件事，我就必須建立許多過渡時間。並不是說我突然就會一定準時，但我越做越好。我也不會太苛責自己。我努力建立可以確保自己能夠輕易轉換於事務之間的體系，意識到這一點，然後不再苛求自己，感覺真的很棒。」

剛開始，獨自工作者的一個工作日可能看起來很漫長，並且滿是承諾。我們要如何解決這個問題？「期望往往會推動你的經驗。」舒爾特說：「尤其如果你是獨自工作，更是如此，因為設定期望的人就是你。對抗它的方式之一就是，留意會有這件事發生。留意我們會過度承諾，使得自己無法如期達成，這又造成更多壓力和恐慌。這就是人類的一部分。」

寬鬆時段

「我在一家忙碌的醫院中，不經意看到一篇真的很有趣的研究。」舒爾特告訴我：「手術室總被訂走而且使用中，但會有急診事故發生。病人必須等待多時，因為急診事故出現，手術就會撞期，就必須重新安排手術室的行程。醫師長時間工作，大家壓力都很大，情況一團亂。為了解決這件事，醫院請來顧問。顧問對他們說：『你們需要空置一間手術室，以應付急診。你們必須在體制中創造寬鬆空間。』大家紛紛提出異議。『我們怎麼可能辦得到，絕無可能，我們總是這麼忙碌，不可能創造寬鬆空間。』但顧問說：『就試試看。』所以他們照辦了，空置一間手術室的行程以因應急診。經過一陣子，他們發現這讓一切運作得更好。因為有一間手術室保留給急診，其他所有手術都按照行程進行，不會撞期；醫師不再瘋狂的長時間工作；文書工作也處理完畢。這讓整個體制更有效率。」

從此，舒爾特就以同樣的方式處理個人的行事曆，每一星期都安排寬鬆時段，她可以藉此追趕或做完未完成的工作。「我給自己兩小時時段，可以用來追趕我覺得落後的進度，或是用來仔細思考事情，完成現在應該完成的專案。我一直會誤算時間，所以星期五的下午兩點到四點，我會把它放進行事曆，遮住這個時段，稱它為寬鬆時段。」她鼓勵大家容許自己有同樣的時間。「養成創立並保持這個空間，以對抗像是透不過氣的隧道效應。寬鬆時段很重要，因為就長遠來說，它會讓你的表現更好。」

拖延

拖延很少跟懶惰有關，通常是關於恐懼：害怕所需要做的差事；害怕自己是否能勝任；害怕這會揭穿自己只是冒名頂替的騙子；害怕尋求幫助或支持；甚至是害怕成功。

我知道你可能認為自己拖延是因為喜歡玩線上遊戲，但說真的，它們是替代的活動。它們替代了什麼呢？

當它和恐懼無關，那就是關於沒有得到足夠的休息。如今，我們已了解在工作日當中及工作日之間，安排休息時間的重要性。當發現自己無法收心工作，尤其如果你是在做別的事，而不是應該做的事，通常不是因為你是不能被打擾的懶惰混蛋。（除非你是學生，學生自陳拖延程度大約在百分之八十。）很少有人是工作太少，自由工作者中午穿著睡衣看電視的橋段不再真實。在我們延後事情期間，有時我們致力於其他事，裝作自己很努力。有時是之前完成的工作讓我們精疲力竭，因為精力儲備已經耗盡，我們就是無法再繼續。但是，我們真的很少穿著內衣，無所事事。

我們全都偶爾會有一些無聊和想要推脫的差事要做，一些我們就是不喜歡的事。對我來說則是，油漆任何形式的牆壁、籬笆或木造物（真是超級乏味），整理我過期的雜誌收藏（從二〇〇五年開始的《浮華世界》雜誌，有人這樣嗎？它們至今跟著我搬了四次家），以及處理各種雲端儲存帳號。這是很龐大、很麻煩的工作，就其消耗的時間來說，只帶來低價值的成果。我可能會在隔天有真正可怕的事情要做時，抽空去做這些事。

我們拖延不做的差事大部分都涉及了情緒重擔，我還沒把網站轉換到新的供應商，即使我已重新設計完成，但因為我不知道如何去做，而且我也害怕真正去嘗試，認為這可能揭露我做了許多毫無目的的無意義工作。

這經常也是讓我們現在感覺不舒服的差事，而因為相信在未來，未來的我們可能對它會有不同感覺，於是拖延下去。我們此時擺脫它，因為認為未來的自我，要為現在不做這件事的你付出代價的人，根本不是真正的我們。這就像我們把它轉給完全不同的別人。

為了避免未來的你付出代價，思考你不想做這件事的真正原因。這可能不只是單純（或只）因為它很無聊。它對你的日子增加了什麼重擔？獨自工作者必須擔任我們這小小事業的許多不同角色，所以一定有讓我們充滿害怕和畏懼，以及偶爾無聊的工作。憎恨自己無法展開某件事，可不是生產力的關鍵。

（想知道一件好玩的事嗎？寫完上面的稿子之後，我休息了一下，並把我的網域轉換到新網站。我花了三分鐘開始這個過程，完全沒有問題。二十四小時後，網站就啟動了。我進行了五分鐘的工作，啟用電子信箱。而這個事項沉重坐在我的待辦清單，嘲弄著我，已整整超過一年。）

附帶一說，如果你真的無法開始，那就看看窗外。如果天氣很好，那可能跟它有關。研究顯示，我們在天氣不好的情況下最具生產力。如果天氣明媚，我們就糟糕了。

拖延的創造力

當跌進拖延坑中，你一定會，我們大家全都有時會這樣，請提醒自己這件事：結果發現，拖延提升創造力。如果你被交代了一件差事，或是給自己一件差事，那麼就去做完全不相干的事（對這個影響的最早研究則建議去玩幾分鐘掃地雷或單人紙牌），等你真的開始這個差事，會比你直接開始，提供了百分之十六的創造力。（賈伯斯、小說家瑪格麗特．艾特伍和杜魯門．卡波特等偉大心靈，都曾經善用這一點，全都刻意拖延。）

這不是關於逼近最後期限，才啟動你去採取行動。儘管放任大腦自行其是，就像它無法忘記其他尚未完成的工作一樣，它似乎也在悄悄在思量這個差事。

不幸的是，同樣的研究也顯示，把差事留到最後關頭，不會帶來更好的想法，這大概是因為此時我們已陷入恐慌。祕訣在於採取一些控制中的小小拖延，不讓它一發不可收拾，不要最後才不斷熬夜，冀望會有靈光閃現。即使你是熬夜型人才，即使你知道自己會很久之後才動工，但還是一接到差事就先熟悉它比較好，因為這會給予大腦運作的時間，就算你是在玩掃地雷。

事實上，儘管你沒有拖延症，而且想到不直接進入工作就手心冒汗，你還是可以使用這個觀念，不是藉助玩掃地雷，而是嘗試哲學家約翰．培利所說的「結構性拖延」。與其做一些不該現在做的事，可以改做待辦清單上其他的事，把拖延轉變成為生產力，駕馭我們天生的叛逆心來讓事情實際完成。

注意力分散的創造力

注意力分散是比較不活躍的拖延症表親。拖延症使我們往往會從事當下不該做的事，像是玩掃地雷、瀏覽 Instagram 或看看《紐約時報》網站上的摩登情愛專欄。相形之下，注意力分散往往是身體上的被動狀態，或是身體和心智沒有連結，像是洗碗時心中想著去表親婚禮時要穿哪一雙鞋子。許多研究指出，我們幾乎有一半時間都處於注意力分散的狀態，大約一天有百分之四十七的時光如此。只是這個數據是來自久遠的二〇一〇年一項研究，所以我真的懷疑在現今這樣有著經常刺激及滑動螢幕的世界，我們是否會這麼常注意力分散。即使遠遠追溯到二〇一二年，美國一項時間使用調查仍估計，百分之八十的美國成年人在過去二十四小時沒有進行任何「放鬆或思考」行為；而考慮到如今智慧手機當道，情況只會更加嚴峻。

重點是，我們需要放任思緒漫遊，理想上是同時加入一些溫和的限制。近年來有一些研究指出，注意力分散有一些負面影響，的確，如果放任不管，我們的思緒可能會極其快速進入黑暗地帶。（這可能是因為注意力分散和反思合而為一；它也跟思緒漫遊者的最早心境有關。）不管和注意力分散有關的整體影響和情緒為何，現在這一點仍不十分明朗，我們無法阻止也不該阻止自己思緒發散，因為在適當情況下，就跟拖延一樣，它有助於我們更有創造力及生產力，以及計畫未來。創造性的注意力分散其實不是心智上的被動狀態，也不太像是自動駕駛，不像是到達超市之後卻對一路開車來這裡毫無記憶時的那種空白可怕時刻。

克里斯．貝利在他的著作《極度專注力》中表示，注意力分散有三種形式：

一、捕獲模式：就讓思緒滾動出去，領略它的方向，但要捕獲出現的東西。
二、問題處理模式：心中「隨意」想著問題，領略出現的想法。
三、習慣模式：從事習慣性、重複性及不相關的事務，領略在做這些事時所出現的想法或計畫。

貝利刻意執行了這三種模式：第一種是帶著咖啡和筆記本，記下浮現的任何想法。第二是任由問題在腦海裡久久發散好一段時間，但手邊隨時放著筆記本，記下任何浮現的解決方案。而第三則是從事輕鬆愉快的習慣性活動，像是在陽光底下前往咖啡館，然後任由大腦自行漫遊。他說，即使和簡單的休息相較，這仍是研究中最常出現創造性結果的模式，尤其是在解決問題方面。這是為何在工作時休息一下，會讓我們做得更好的另一個原因。這也可能是為何淋浴時、外出跑步時或烤蛋糕時，會靈光乍現的理由。（我曾經請教一位行為科學家是否有人研究過淋浴思考；她回答說，很遺憾這從未被判定為符合倫理道德，不過有朝一日她會想試試看。）

像這樣有意的思緒發散，和思緒在深夜中嘗試把我們拉入焦慮境界，兩者有著明顯的不同。思緒漫遊的好處從研究可以清楚得知。但我真的擔心我們沒有給自己太多機會這麼做。太多生產力的文獻都在於擠出我們身上每一滴工作（貝利不是，他就跟我一樣，想要大家工作效率高，以便工作時間少）；這強逼著我們專心再專心。而這種充斥在我們身旁的技巧偷走了原本思緒自在徜徉所能帶來的許多機會，像是蹲馬桶、搭公車、在商店等候、等朋友、自己獨酌、去散步……你上一次不看手機做這些事是什麼時候？

責任心

和教練共事是一種把責任心帶進其他單飛生活的明顯方式，但維多利亞．摩爾有著我最喜歡的做法。她會和另一個作家搭檔，每當面臨截止日，就各自設立一天的字數截止時間。他們會互相發訊息：「我要在上午十一點三十七分前完成四百五十八字」，「我要在下午兩點鐘前寫出六百三十二字」，就這樣進行到真正的截稿日期到來。

有些獨自工作者發現需要重建一些辦公室的經驗，以便埋首完成工作，不想辜負的同事，需要達到的期許。

你甚至可以嘗試「身體倍增」（body doubling），這是指當實際連結到同時在工作的他人，光是他們的存在，就能夠做為開始及延長注意力的催化劑（這原本是協助過動症者專注的一種方法，但已變得普遍）。知道有他人同在，讓人得到慰藉，又同時創造一種實質上的責任感。

心流

談論關於某些個人工作時，經常出現「心流」的說法，尤其是在特別提及音樂或藝術等行業。心流被相當隨意用於如此複雜稀有的經驗之中。心流最早是由心理學家及幸福研究學者米哈里·契克森米哈伊教授，在其一九九〇年同名的大作中所確立。心流是一種高度專注的心理狀態，此時你非常沉浸在手中的工作，幾乎其他任何事情都不重要。如他所說，此時你處於「完全投入某一種活動本身，自我消失，時光飛逝，所有行動、動作和思考都必然跟隨著先前做法……你整個身心投入，把技能運用到極致。」你擁有一個可以達成的清楚目標，並感覺目標的追求在掌控之中。你完全意識到自己正在竭盡所能，而且從自己身上得到肯定的反饋回路，你就是知道自己在做的事會順利發展。他說，這也是我們最幸福的時刻。

這是非常引人入勝的觀念，獲得學界及大眾的極大注意。對獨自工作族來說，在工作中達到心流狀態聽起來令人極為嚮往。許多文獻提及如何培養心流，但這讓我思考了兩件事。一是，至少就工作來說，建立可以體驗心流的環境可能相當具有挑戰；二是，嘗試找尋或提倡心流，是不是為自己加上另一層壓力？我們不只要應付這種相當具有考驗的工作方式，同時意味著要藉此得到卓然的滿足經驗。

所以，我對心流有種矛盾的心態，但不是全盤反對，我的感覺可能是訴諸我的個性。我不知道自己是否曾經有過，甚至未來是否可能得到工作中的心流經驗。苦於焦慮問題的人似乎比較無法經歷心流，我們易受焦慮的大腦叨唸而打斷自己，比較無法自覺或不知不覺地釋放平常自我導向的憂慮。看起來認真勤勉的人以及極受內在（內心）而非外在回報（金錢或地位）激發的人，似乎比較容易經歷心流。儘管我屬於這樣的人（我還沒遇過有錢的自由撰稿人），我也同時焦慮。

要接近心流的境界，有部分是在於找出集中注意力且不要分心的方法。當一連串手機通知對著你招手時，你不會經歷到心流。不過，這也要靠找到正確的活動，當你從事覺得極度困難的事，或是太過簡單的事，心流都不會發生。容易的事不夠迷人，甚至可能很無聊。（這就是一些人從著色書上所得到的寧靜冥想狀態不算是真的心流：心流是指高超地從事高超的工作；是激勵而不是撫慰。）

安琪拉．達克沃斯在其著作《恆毅力》的一個階段中採用了心流的觀念，她研究人們是如何擁有恆毅力，並想要了解心流在其中的位置。她所謂的恆毅力，就是有復原力及毅力，面對挫折或挑戰時，能夠堅持下去，往往到達一種成就大事的程度。

她提出的簡明恆毅力理論是：

天分＋努力＝技巧
技巧＋努力＝成就

你可能擁有天分，卻不付出努力，那麼技巧程度某個時期會處於低谷。但是有恆毅力的人會使用其天賦（這可以是任何天分，不一定是指繪畫、跑步或代數），並且加上努力，這就能讓他們改善技巧。最有恆毅力的人會付出更多努力，持續推進技巧，而這就會達到成就。達克沃斯稱此為「努力加倍重要」，並同時琢磨心流在這一切努力中的位置。她在分析中經常探討游泳選手，發現他們埋首苦練，顯然沒有經歷心流甚至是樂趣，卻一直堅持下去。然後，他們有時在比賽中達到心流境界，並創下一、兩個世界紀錄。連結方式是什麼？

達克沃斯相信這些具有恆毅力而在每天清晨四點起床跳進泳池的人，長遠來說，可以培養出心流，只是即使出現心流，也很少在為此付出努力期間經歷。如同她所說，練習似乎很少帶來內在的快樂，而練習者的程度越高，回報的快樂就越少。不過，經由辛苦工作的時間及付出的練習，他們就比較可能在關鍵時刻經歷心流。這反映出許多表示曾經有過心流的人的說法，這些人往往是音樂家或管弦樂團指揮，他們極其辛苦練習以讓技巧完美，而唯有處於技巧的高峰，他們才會進入心流境界。

我們不能期待心流憑空出現，也不能把它看成是和你進行愉快重複事情的一樣狀態。（我認識一個認為洗碗是冥想活動的作家，以及一個從晾衣服中得到寧靜的劇作家。）達到能讓心流發生的技巧程度，需要時間和努力，以及可能還要加上一些天賦。假設心流曾被回報出現在聽音樂、玩電腦遊戲、體育競賽、舞蹈和許多嗜好當中，我們或許能更成功發現工作以外的心流。（就個人來說，我只曾經在做拼布時經歷過心流。清楚的目標，加上我剛好擁有的某種程度技巧，以及隨著拼布尺寸增大所帶來的經常性正面回饋，沒有相關的焦慮，只有內在的回報。）

如此看來，我們可以促進心流。如果確實經歷到心流，注意你當時在做什麼（很可能不是工作），以及發生時的狀況。就像需要腦部專注的活動，身體貫注的活動也可以帶來心流。不可預測的新環境也可能觸發心流，為何偉大想法得以在度假時浮現可能跟此有關。而冥想似乎也有助於訓練大腦到達心流境界。

正念或冥想

已有許多關於正念和冥想力量的文章，我在此僅提出，因為有非常多證據指出它的好處，也因為它讓我的感覺、生活和工作都變得更好，所以我是惹人厭的冥想混蛋之一。我的實踐方法相當古怪，我一星期使用 Calm App 兩次，如果我睡不著或睡不好，我會使用身體掃描類型的冥想音樂。

能夠專注於工作不是關於正念最有趣的事，因為它對心理健康所產生的正面影響更為深遠，不過，它幫助我們保持注意力是一個愉快且珍貴的副作用。正念訓練和冥想已被用來增加整體工作記憶，而更為有用的是在大腦處於壓力的時刻，此時它通常會失去能力而非獲得能力。許多研究指出，在考試前幾週接受正念技巧教導的學生，考試分數較高；甚至對有拖延傾向的人，似乎也有幫助。儘管它經常被頌揚成一種焦慮管理工具，因為正念可以訓練大腦專心現下時刻，無怪乎它也可以幫助我們集中注意力。

第8章

做自己的執行長

獨自工作時，你對事業的一切都必須親力親為，至少剛開始是如此。你是行銷主管、社群媒體管理者、記帳員、會計，而且往往還身兼打掃廁所、買印表機墨水和提供資訊科技支援。需要同時擔任這些角色很困難，同時做好這些工作也不容易。

如果被告知說，從明天起要讓你領導一個組織，你會覺得自己能夠勝任嗎？如果是我，我會立刻離開去找書看、找顧問或教練，尋求協助。但當我們開始擔任自己事業的無頭銜執行長，卻往往就一頭栽了進去。在我訪問布里吉德．舒爾特的時候，她回想起她和一個非常成功的記者朋友的對話，這個朋友為了開創更為彈性的生活，幾年前加入自由工作者的行列。「她在紐約時報工作了好幾年之後，成為獨自工作者。」舒爾特告訴我：「她看著我說：『我了解到自己在為全世界最大的賤人工作。』她真的對自己很苛求，真的很有動力，從不覺得自己做得夠多。她隨時都在工作。她原本獨自工作，是想要給自己更多彈性，更能掌控自己的時間，但結果工作量卻更多。她一方面當然得到了自由，但另一方面卻也為自己設立了不符合實際的期望，這讓她每天的生活都過得很辛苦。」她的朋友對自己的嚴酷要求，遠勝於現實生活的任何老闆。

我們有時會忘記我們是自己的小型組織的負責人，忘記這個工作有多麼重大。我們是總經理、執行長、財務長也是營運長。我們負責確保員工的工作滿意度，確保他們不會過勞，能得到良好工作環境、足夠休息時間、合宜的工作空間以及所有工作需要的工具。我們同時也是人力資源長，全仰仗我們確保員工，也就是我們自己，能夠休息，在合理時間完成工作，得到做得完的工作量，不設定不實際的截止日或太過樂觀的目標。

要這麼說真是太難了，我比較願意聽而不想寫出來，但如果你持續被埋在工作重壓底下……這是你的錯，你可是老闆。（我知道這句話會讓我有多麼不受你們歡迎，因為我也經常有同樣的對話，通常跟我媽媽，真有趣。）

「我必須答應所有送上門的工作，否則我就會失去客戶；我沒有足夠的錢去拒絕工作邀約；我寧可忙碌有壓力，也不要完全沒工作；得到大量工作讓我成功。」

如果我們只考慮現在所處時刻，那麼這些事可能都屬真。不過，如同我已學到但可能永遠不會告訴我媽媽的是，工作過勞可能會造成許多方面的損害。我們的工作品質下降，變得毫無樂趣，並且越來越有壓力；而且就像我們在第十二章將會討論的，如果你嘗試在紙上對成功下定義，沒有人會寫下：「我想要無時無刻工作，沒有生活可言。」

蓋洛普公司近來調查了七千五百名雇員，探討工作過勞的原因。它指出的主要原因是：不公平的工作待遇；無法管理的工作量；角色缺乏清晰；缺乏來自主管的溝通和支持；不合理的時間壓力。調查對象顯然是組織裡的員工，但我們也可能在自己的小型組織製造同樣的問題。我們也一樣會不公平地給予自己太少時間內的太多工作，對於自身的期望只有粗略的感覺（往往只是「很多及現在」）。當這麼做的時候，我們便成了問題所在，這是我們的錯。

當然，剛開始成為自由工作者及經營新事業時，額外努力工作有其價值，而且我們所有人都會有工作似乎比時間多的時候。這正常可行，你可能勉強能夠忍受，只要它是有限度，而且只維持在盡可能的最短期間，最多幾個月。不過，這很容易不知不覺成為相當危險的長期習慣。

要解決這特殊的問題，意味著要學會說不（以及學會運用時間），或至少學會要求更多時間。許多截止日是肆意決定，或是其中帶有許多彈性。一旦你證明自己是會滿足客戶任何需求的人，像是時限，那麼如果可以，就試著在下個案子一開始就要求更長的交單期限。

如果是緊急水電工，延長期限就不管用；但即使是緊急水電工也可以建立一個體制，在休息或預約滿檔時，轉介客戶給另一個可靠的水電工，依據對方也會在休假時為你做同樣的事。不管你的工時通常包括什麼，這種做法的用意在於調回工時的壓力。

我們也是事業開發經理，因此應該盡快外包所有可以外包的事務，以便給予自己時間來從事自己的工作。如同在麻州波士頓巴布森學院教授零工經濟ＭＢＡ課程的黛安・穆卡伊對我說的：「獨立工作時，很難自己承擔經營事業的所有角色。這很花時間，而且人們通常會有不喜歡或不擅長的事務，寧可把它們外包出去。」即使是線上或臨時聘用仍有助於建立你的團隊，給你空間來把注意力放在最擅長的事情。打造團體乍聽之下令人卻步，像是花費昂貴，但用不著如此。「要使它不那麼令人卻步，可以從你的人脈網絡或社群招聘，找人推薦，或使用像是Upwork等平臺來找到所需要的技能。你也不必花費大量金錢：社群媒體的人員時薪可能不到二十美元，一星期提供兩小時，這不會讓你破產。隨著事業成長，得到更多工作並提高費用，這樣以金錢換取時間就更加合理了。」而且，針對快樂和金錢的研究顯示，不管是外包家務事或工作，都遠比存錢更能增進幸福感。（時間金錢研究學者艾希莉．威蘭斯認為，一年花費五千美元外包工作上所提升的幸福感，可能相當於賺取一萬八千美元，這是相當吸引人的數字。）

要是感覺付錢給別人去做我們討厭的事不太舒服怎麼辦？人們會想：「但我可以自己做呀，所以我應該自己做。」他們很不願雇用幫手，來自中產階級成長環境的人，不曾找人來替他們做事，所以對此覺得有點不自在。因此我說的是：「不要把它想成是雇人來處理社群媒體、打掃家裡或跑腿，何不看成是一種獨立商務，而你是客戶，在協助他們發展事業。想想當你找到客戶有什麼感覺，是有多麼高興，這就是對方的感覺，他們也在經營事業。」

（穆卡伊真的很堅決支持外包工作，甚至更進一步認為：「這是我一直在和其他女性創業者說的事，你怎麼處理採購上班服裝？是不是都上網購買同一家品牌？你有沒有制服？是否有工作造型？你怎麼處理頭髮？你是否一星期兩次邊吹頭髮邊看工作東西？我的意思是，這些都是生產力的阻礙。」）

然後還有一個我們大多會忽略的角色：商務教練。如果你有現金（或非常擅長交換技能，參見第十七章），那麼可能想過要找一位真正的商務教練來協助思考你的事業、事業目的、執業、政策、經營宗旨與目標，但我們大部分的人，尤其是新加入的獨自工作族，都覺得沒這種時間和金錢。

但是，制定策略真的非常有價值，如果負擔不起聘用專業人士，還可以靠自己或是跟自行創立的團隊，採用商務輔導的主要原則。瑪格麗特．赫弗南告訴我，她認識有些獨自工作者會組織「個人董事會，這不是正式的單位，但他們有同事或朋友可以談論職業、財務、社交和家庭發展。這是一種保持正軌和聯絡，以確認他們沒有迷失自我。不管你怎麼稱呼他們（我就是稱呼朋友！），我認為生活中擁有這樣的人物很重要，以避免沉迷工作，在恐慌或過勞時提供協助，並維持某種人性。成功和失敗都是巨大挑戰，有時我認為成功比失敗的考驗更大。我見過更多人因為突然大獲成功而失序，但成功與失敗兩者對自我認同都是嚴重考驗。」

就某方面來說，一個好教練對任何獨自工作者都是一項好投資，本書所訪問過的許多獨自工作者，包括維多利亞．摩爾和夏洛特．史考特在內，都非常讚揚其短期或非常長期合作的人士。

即使你負擔不起教練，可以嘗試自力使用以下一些輔導原則：

一、為你的工作擬定經營宗旨。你的價值是什麼？事業目的是什麼？你對什麼人提供了幫助、娛樂、食物或維修？你貢獻了什麼，想要有什麼貢獻？不必崇高，儘管它的確可能崇高。如布里吉德．舒爾特說的：「非常清楚自己為何要成為獨自工作族，並記住這至高無上的理由，對於能夠不斷回到初心是非常重要的，尤其當你致力找出最適合自己的體系時。然後，當肯定會有的麻煩到來，這就是讓你堅持下去的東西。即使在最糟糕的日子中，你仍然會朝向並尊重最初的目標和意圖。」

二、你的個人、職業和財務目標為何？今年的？五年的？十年的？（這可以是任何方面，從你想要的愛情或家庭生活樣貌，到你想要居住的地方，以及每年要或想要賺的錢。個人和職業緊密連結，對兩者同時擬訂計畫，我們至少可以避免因為過度強調其中一方而以另一方面為代價。）

三、你要做什麼以達到這些目標？把模糊的大目標分解成比較容易達成及掌握的微型目標。所以不要說：「我想賺更多錢。」而要說：「我本季要再找到兩個付費更高的客戶。」或「我要提高百分之三的每小時效率。」或「我要掌握開銷費用，這樣才不會疏忽回收欠款。」不要說：「我想要當自由工作者，意指我可以更常旅遊。」改說：「我要在六月的下半月預訂一趟旅程。」（並且真正去做。）

四、你會如何計畫未來？包括狀況不順利的可能性？你是否需要預留一些錢或存一筆款項？你是否需要考慮可以讓收入多方開源的方式？你能否購買疾病失能險？這樣萬一你出於某種原因需要請長期病假，才能支付帳單。

五、可有人能協助你擔負責任？我們自己負責並非不可能，但如果能組織一個團體絕對會比較容易（理想上不要找近親家人或同居者，否則情況可能會有點……堪憂），或是加入現有團體，對方可以定期確認你是否完成你表示要做的事。

不過，這種計畫有兩件非常重要的事需要牢記心中。一是儘管你可以帶著非常了不起的目標清單，甚至相當清楚的達成計畫，但著手的最好方式還是一次一個。如果你試著同時改變或做太多事，就會給予自己太多事務，會覺得無法承受，而胡亂處置。這就像新年新目標：「我要減重，去健身房，當個好家長，學彈烏克麗麗。」而當了幾天精疲力竭的新自己後，意志力陷入谷底，我們回到原有的模樣，但是更加挫折和喪氣。

計畫要有雄心壯志，但每日執行要保守以對。確保一件事之後，再繼續下一件。

只是，假設你是自己公司的執行長、人力資源經理以及永續長（sustainability director），你真的需要對事業和自我既實際又溫和。社會學家兼個人工作專家鄭喜貞說：「你不能擔任執行長的角色，而只是說：『知道嗎？我們明年要獲利翻倍。』卻不去思考這會對公司其他員工（你）造成什麼影響。因為身為人力資源經理，你可以回答：『我們不會擴展人力來達成目標，所以你要做的是剝削目前僅有的一名員工。這樣可以支撐嗎？是你想要的嗎？』」她對此表示：「你需要的是跨越範圍衡量不同的事物：如果我想要實現目標，這對我的其他事情意味著什麼？對我的家庭、我的休閒和健康意味著什麼？」

第9章

其他人

沒有其他人，你的個人工作就不會存在，我們如何和他人互動、回應他人，甚至管理他人，將決定我們工作的好壞。儘管個人工作可以是非常內向，但該是往外看向世界其他人的時候了。以下是我努力使用的幾個原則：

禮貌

我五年來都會每星期寫信給一個客戶，而我收到謝函的次數一隻手的手指就數得完。而我對此，也每每聳肩不以為意。

我們要和善，我們要親切，這不是軟弱。我們要記住，幾乎每個人的生活隨時都有事情在發生當中。說聲請，說聲謝謝，表現出人情味。不要以「不用了」來回覆說明或推銷。幫助你能幫助的人，把無法幫助的人轉交給能夠幫助的人。不對人要求太多。

聆聽。在別人說話的時候，不要想著自己接下來的評論。等對方說完話後，安靜一會兒，這是他們往往會說出原本沒想要說的話的時刻。或是再多問問對方的想法。我們像打網球那樣對待對話：你來，我往，你來，我往。不過，這其實不是我們最能了解人們或最清楚他們想法的方式。

人際關係

不言而喻，我們圍繞工作所建立的人際關係，對其成功至關重要，但領導力專家湯姆・莫林告訴我一個對此的新見解。同樣是獨自工作族的他認為，提到要別人做我們想要或需要的事時，獨自工作族缺少所謂的法定力量，也就是存在於非獨自工作者事業中那種奪走別人生計的力量。「我必須成為**個人事業**組織的領導人，而在我經營的組織中，我對於自己的夥伴沒有法定力量。」他告訴我。我們的組織很難定位，它多變又沒有固定形態，通常共事的人不是我們的直接雇員。我們通常不是付薪水給他們的人，例如說，我這本書的美術設計是由出版社選擇。我沒有付酬勞給她，但我的確必須試著讓她按照我的想法做事。

莫林說，因為他的人際關係不是建立在雇用和解雇的權力上面。「我必須影響他們，我必須激勵他們，我必須打造這種信任關係。奇妙的是，如果你真的很擅長此道，你可以透過別人來完成事情，而他們會為了較少的錢來做事，或是做到比你支付的錢還多的事，因為你大大激勵了他們，顯示他們的價值，他們很想成為你工作的一部分。你真的可以激勵別人做很多事，有很多為我工作的人說過：『我只是為了你而做，你用不著付錢給我。』然而，如果我置身組織之中，這將完全是一種交易。」

把它看成是外交上的軟實力，而且一樣重要。「我希望大家成為獨自工作者所學到的第一件事情是，他們有多麼需要他人。」莫林說：「我們很快就會察覺自己有多麼依賴，但願這是一種對他人的互相依賴。一旦獨自工作族對所做的事想要有所改變，或變得更加所謂的成功，我認為依賴他人的必要性就會相當快速地顯露出來。」

合作者和團隊

這幾年來，我開始非常努力去了解共事的人的真正樣貌，不過時常不成，那我就會再嘗試。這很棘手，因為有時我甚至從來不會見到他們。在單飛人生的前五、六年，我有太多時間在感覺別人不懂我的工作，不懂我的工作狀況，不懂我做的工作會遇上什麼事等種種挫折中度過。我完全忘記自己從二十三歲開始，一直是這樣，也一直在從中學習。我忘記自己還在學習，而我的做法明顯不是唯一做法。我可能讓人自覺渺小、難過及被輕視；而我真的非常抱歉。

我曾經跟完全不知道如何著手我們要做的事的人共事，我嘗試**把他們當成我自己**來教導。當他們搞砸了，我也**把他們當成我自己**來生氣憤怒。我沒有探求他們的專才，沒有試著了解他們這個人、他們的想望或從事目前工作的理由。這是我的做法，其餘免談。（我猜想，這就是為何我是自由工作者，而不是管理者。）

我真的希望自己已有所改變，就像我已不得不學著原諒自己，並更加了解自己，我真的希望自己來到也能為他人付出的時候。

這是從待人和善再往前一步，就是設法去了解他們是誰，以及他們的工作情況，不要迫使他們進入一個不合適的鑄模裡。

溝通

電子郵件的細微差別很難領悟，比起直接對話，它更是難以迅速察覺並糾正錯誤。一旦按下傳送鍵，電子郵件就永遠在對方手中了，如果可以，請在客戶郵件啟動延遲傳送的功能。使用延遲傳送功能，我有二十五秒鐘去了解是否傳錯收件者，是否在應該採用密件副本時，使用了副本傳送；大多數的時候，我會用它來停止郵件傳送。如果你是一按傳送鍵就開始擔心郵件，並再三思量所用措詞的人，那麼就分批處理寄出的時間。隨時想到就寫下來，但存在草稿匣，然後下午四點再全數寄出，這樣就可以琢磨想說的事，用清楚的頭腦再次確認，而不是匆匆按下傳送鍵寄出，然後懊悔好幾天。

就文字本身，力求清晰，而非簡潔，因為後者可能會給人草率、冷淡、粗魯或蠻橫的印象。顯然也不用寫成論說文，但如果這意味可以讓別人真的了解我想說的話，我不介意多占據對方幾分鐘的注意力。

當你和團隊或專案中的其他人不在同一地方工作，請接受對話可能會比你想要的還漫長。如果能夠，在進行這些對話時，請設定一些限制因素。我的犯罪新聞記者兼播客主持人朋友艾歷斯．漢納弗德承認，他全日無休傳送的訊息讓一個合作夥伴抓狂，最後他們設定了一份可以讓他在週末傾吐腦中想法的 Google Doc。而他的合作者會在星期一上午坐下來工作時，查看這份文件。

另一方面，我有個客戶喜歡在星期五晚上及星期六下午用 WhatsApp 跟我聯絡；她是一個資深主管，在一般的工作平日極為忙碌，多年來，我只得默默忍受。我有個編輯對於星期天發訊息給我回饋意見，也毫不以為意。如果可能，就我那位資深主管而言，總是沒辦法，試著談談這件事，討論他們這樣欠缺界限對雙方的影響。鼓勵工作聯絡人不要採用手機即時訊息，改用電子郵件，並且只在指定的工作時間查看信箱。如果我非得在週末傳送郵件，標題就會註明「非急件，下星期再說」或「等你回辦公室再處理的問題」。持續接受並助長工作和非工作時間之間的模糊界限，如我們現在已經了解的，這維持了對所有人及工作品質都有害的一種狀態。

視訊通話

你是否覺得 Zoom、Teams 或 Housepart 等視訊通話令人精疲力竭？這種服務來到前所未有的普及，對於遠距或自由工作者來說，這或許是非常優秀的省時工具，不需要交通時間。不過，它們並非沒有缺點，這值得加以探究，以便了解為何有些人在視訊通話上顯得心不在焉或很奇怪，又為何有些人會竭盡所能迴避。

儘管有些帶有社交焦慮症的人宣稱，他們發現視訊通話遠比現實生活見面更加輕鬆愉快，但仔細想想，對我們多數人的可憐小小腦袋來說，視訊通話顯然是極難應對。我們的大腦對這種介於純語音通話和真實見面之間的方式，不太明白怎麼處理所接收到的氾濫資訊，因為這些都不太合乎情理。有時會有延遲現象，或是影像模糊。對我們賴以了解言下之意的身體部位，像是手勢或姿勢，視訊通話看不到或是看得不夠清楚。我們在平常的會面中，可以藉由身體語言甚至是穿著來判斷對方心情，而視訊通話則剝奪了這種機會。還有什麼時候你會同時看著四或五張面孔？在正常的對話中，我們只會一次看一個人，轉頭逐次探究每個人的表情。同樣地，在正常的對話中，我們也看不到自己的臉龐，看不到自己扭曲的怪表情……或看起來精神渙散，顯得比我們預期的更加老態和疲倦。

視訊通話往往缺乏開始儀式，沒有人提供飲料；沒有安排主次座位；沒有緩和小組尖銳接觸的閒聊；它很難區分由誰主持對話。如果多人同時說話，就會有人住口，因而扼殺討論及創造性，比起大家同處一室的狀況，視訊通話讓人比較有所保留，降低參與度。沉默原是真實對話的正常部分，此時卻讓人以為畫面凍結，急急檢查狀況或開口說話。有些人並未正式看待視訊通話，會大聲吃東西或一身海灘打扮，引發大家的反感，也使人很難判定對這次對話應有怎樣的期望。

最常被討論的是出糗問題，你以為在靜音狀態，但其實沒有；不小心對全體會議發送了嘲弄老闆的發言；沒穿衣服的小孩（或伴侶）闖入房間，平凡的家庭生活入侵嚴肅的議題。但說真的，這還是最輕微的。視訊通話帶有行為表現，非常緊張激烈，所以你（和其他通話的對象）可能會覺得它讓人很難以承受。所以給自己（和其他人）休息時間；承認這是深具挑戰性的媒體，在開始前先花點時間做好心理準備，事後進行減壓活動。

性別

大部分的異性戀家庭仍維持相當傳統的性別角色，這可能對其中的獨自工作者造成影響。如同社會學家兼獨自工作者專家鄭喜貞對我的解釋：「大約百分之五十的美國家庭都有一位維持家中生計的女性成員，然而在歐陸、英國和美國，尤其是雙薪的異性戀家庭，仍舊認為男性角色在養家餬口，女性角色是照顧家庭，並且承擔主要的老幼照護工作。」在這種體制下，往往沒有贏家。「我見到許多居家工作的女性，她們擁有彈性工時，而這也意味她們會先送小孩出門，然後工作，下午三點接小孩，讓他們吃點心、做作業、洗澡、上床睡覺，接著八點重拾工作，一直工作到午夜左右以彌補工時。但爸爸就直接進入家中辦公室，關門後不再出來，或許當中會去散步，但在下午五、六點時，他仍在裡面工作。」在她的經驗中，男性的工作時間通常越來越長，或至少更為明顯。（他們也通常因此得到職業津貼。）

「他們可以居家工作，維持分界。」鄭喜貞說，但他們也比較有社會壓力，尤其工時明顯較長。令人沮喪的是，雇主並不指望居家工作的女性員工能有較長的工時，事實上還料想她們會把工作融入家庭責任之中。

「女性（在家工作）需要留意的是，她們是否兼任家務事及工作，而延續了性別規範。如同前述，很多媽媽欣賞彈性工作，這通常是她們在家工作的原因之一。但問題在於，妳是否改變了工作模式和工作量，以同時配合工作和家庭需求，卻不曾質疑家庭關係中不公平的工作和權力分配。基本上，在我眼中，這就是在剝削自己。妳沒有督促伴侶分攤工作，只是調整自己的工作以便完成所有事情，竭盡一天來包辦一切。但這讓妳感受到壓力並精疲力竭，可能導致其他非常負面的結果。」

當然不是所有家庭都如此，但熟悉心理負荷觀念的人可能會認可鄭喜貞所描述的部分情景。心理負荷這個觀念是指女性往往在異性戀關係中承擔較多的情緒勞務，這可能包括任何事，像是維持充裕的家庭補給品、採購孩子的衣服、安排生日派對、寄送卡片或禮物，許多清單、採購……

這是悲慘的情景，但研究調查支持這種說法，而我在此提出，以便大家檢視自己的體制，無論異性戀關係與否。請檢視是否有人承擔較重的家庭重擔，不管是誰或什麼性別，只因為他們在家工作，或工作彈性自外於傳統體制？這公平嗎？

這對他們執行工作的能力和其地位有什麼影響？

身邊親密的人士

大部分未曾獨自工作的人，不知道獨自工作是怎樣的情況。如果和這樣的人生活在一起，但願他們會有稍微的了解。我時常聽到人們對我這樣說：「妳一定非常紀律嚴明，如果是我只會成天看電視，沒完成任何工作。」我認為，如果他們思考一、兩分鐘，就會了解這有多瘋狂。事實上，你可能會無所事事一整天，甚至一星期，但文化上的工作道德，以及擔心無法支付租金或房屋費用，會讓多數人迅速採取行動。天生的紀律或許有用，但很少見。

所以在此提出一個小小的指南（也可以在我的網站 www.howtoworkalone.com 下載，然後隨意放置在家中各處），供和獨自工作者交往或同住的人參考。而下方還有一個類似的指南，提供給雇用或採用獨自工作族的人參考，但可不要提供給你真正的老闆。

如果生活中有了獨自工作者……

- 不要因為對方不在傳統環境或傳統工作時間工作，就表現出他們的工作沒你的工作重要。
- 不要因為天氣晴朗，就假設他們正在享受陽光。我們就跟你一樣，正在工作。
- 不要假設他們可以去拿包裹，送乾洗衣物，取回東西，接小孩，買雜貨。
- 不要因為他們的工作有彈性，就假設他們的時間可以繞著你行動。很有可能他們已經很難展開工作，很難給予工作應有的重視。
- 不要假設該由他們負責學校放假時的孩童照護，以及應對年老親屬、預約晚餐、其他人的醫師、牙醫、美髮，或參加親師會。
- （或許）不要買餅乾到他們住的房子裡。
- 如果他們持續瘋狂超時工作，質疑他們。
- 慶賀他們的成功，標示出他們達成的事，用不著買禮物給他們，但為他們的成果感到驕傲，因為許多獨自工作者無法從他人身上感受到這一點。
- 讓他們說話，即使你剛從辦公室繁忙的一天中回來。要了解在可能孤獨一整天後，這對他們至關重要，對你說話可以維持他們心理健康，就算你覺得需要安靜。（別讓他們感到因為需要談話，而自覺愚蠢。）

- 偶爾帶他們外出，即使因為你已在外一整天，其實並不想外出。他們已孤伶伶在家一整天。
- 不要假設他們沒有老闆，他們很有可能覺得自己有數十個，甚至數百個老闆。

如果你雇用了獨自工作者……

- 付給他們合理酬勞，而且準時。
- 給他們酬勞。
- 哦，我的天，就是給他們酬勞。
- 他們聯絡你的時候，不要置之不理。感謝他們的工作，提供回饋意見。回覆他們的問題或行銷，承認他們的存在。
- 知道他們幾乎都同時兼顧幾個案子，而且拚命想要做好每一個。
- 不要問他們是否正在享受陽光。
- 假設他們工作時間非常長；千萬不要因為他們是自由工作者，就假設他們會偷懶。
- 回覆他們的郵件，如果可能的話，請訂出合理的截止日期。倘若他們要求，就寬容幾天，而且你做得到。
- 如果你有定期雇用的獨自工作者，偶爾帶他們共進午餐。尤其是在耶誕節，如果你不能，那麼買瓶啤酒給他們。寄卡片給他們。當他們完成大案子或是生日，送花給他們。展現各種你知道在電子郵件信箱另一端的他們是人類，而不是人工智慧軟體。

● 所以我們說清楚嘍：準時把酬勞給他們。

Part 2

工作的地點

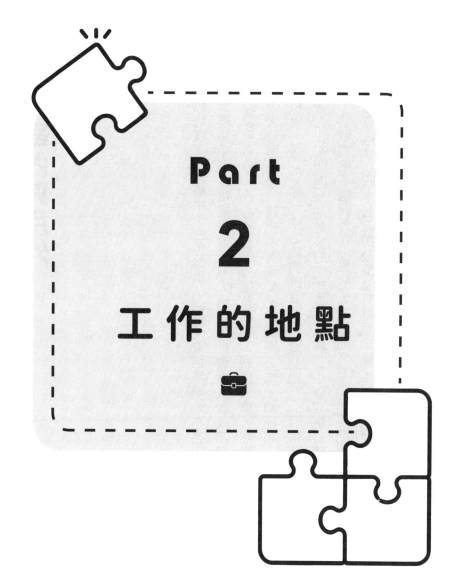

第10章 室內與戶外

室內

灰色地毯，黑色椅子，白色書桌，白牆，染色玻璃，人工照明，合成材料，閃亮鍍鉻，螢幕，機器和手機。這幾乎像是有人坐下來把會弄亂晝夜節律、損壞睡眠能力、降低生產力，以及更多令人分心及悲慘的所有事物，列出清單，然後再用來裝飾全世界的辦公建築。讓人費解的是，幾乎所有辦公室的裝潢方式，剛好和人類大腦讓工作興旺所需要的事物相反。辦公室經常缺乏我們確實需要的刺激物，而且充斥讓工作更加困難的東西，同時還努力在空間內塞進最多的工作者。（辦公小隔間更是糟糕，它們把員工封閉在小小區間，使他們除了隔開外在世界的人造區間，看不到太多東西。）

全球有百分之四十七的辦公室沒有自然光線，而不只辦公室如此，想想醫院的模樣，還有工廠、工作坊、許多商店和超市，你最愛餐廳後方的員工休息室，甚至是圖書館和體育館等公共建築。這些空間往往只有極少的日光，卻有極大的明亮電燈，並充滿邊緣犀利的合成或金屬材質單色家具和裝置。已有大量數據顯示，這不只讓置身這種空間工作的人難以發揮，對於使用它的消費者（或病人）也不好。理論上，這一切都是為了把追求效率中的分心事物降到最低；結果卻大相逕庭。

對獨自工作族來說，危險的是這種視覺語言滲透到我們選擇的工作地點及裝設空間的方式。如果你已在冰冷、堅硬和灰色的辦公室中工作許多年，或是置身這種看法許多年，可能就不會想到不必把它複製到自己的工作空間。事實上，為了你的身心健康、工作能力和專注力，不要複製過來是極其重要的事。有著大面窗和盆栽多到像是花園中心的那些共享辦公空間呢？這樣的裝飾不是只為了時髦，而是因為了解到人類大腦完成工作所需要的東西；了解到大腦需要不受非自然事物折磨的空間。

你對你的工作地點做過多少考量？就像可能很難記得去留意我們如何工作一樣，我們可能也很難考慮到地點。有時候，感覺像是幾乎別無選擇，我花了兩年的時間，只在廚房餐桌上工作，坐的是硬邦邦的餐椅，但即使選擇極為有限，不管是藉由增進工作環境及它給你的感覺，或是藉由能夠在一天結束後隔離工作，你都可以做一些事來升級配置和環境。這兩者可以讓你在工作時滋養大腦；在不工作時，讓大腦恢復和休整。如果真的無法改善你工作時的空間，例如說，因為它是汽車或廂型車的駕駛座，那麼在休息期間走到外面，進入自然環境，比起我們其他人，這對你就更加重要。（不過，走到戶外對我們其他人也確確實實非常重要。）

艾瑪・莫利自從二〇〇八年創立商業室內設計工作室「瑣事*」以來，已設計逾八十間辦公室。她的案子包括商業名片供應商 moo.com 等公司的大型工作場所，但她的作品找不到灰色地毯拼塊及條狀照明。相反地，她和團隊運用工作場所如何促進（或危損）健康的知識，創造出一個極其美麗的空間，讓人們真的想要在這裡工作。她所開發的原則可以適用在各個地方，包括廚房餐桌，因為莫利有很長一段時間居家獨自工作，所以她完全明白獨自工作族的需求。

「獨自工作有件好事，就是可以向自己報到，然後問需要什麼，有什麼事可以讓我的一天更美好？」她說。在我訪談的當下，她手中設計案的客戶擁有一個團隊，而團隊成員各有不同需求，有極為內向，有患有自閉症，但也有外向性格的人，所以她要因應的情況是，有些人想要內縮的簡單空間，因為對他們來說，顏色讓人分心；而其他人則想要更為鮮明醒目的風格。對她來說，這更加證實了每個人對工作空間需求都不盡相同的觀點。「而既然我們有不同的需求，我們需要知道自己的需求為何，如何調整達成。如果密切觀察我們對於不同環境和空間的反應，以及它們對我們有何意義，便能夠知曉。」她說。

儘管我們各有不同，卻有放諸四海皆準的一點：高度人工環境會對我們造成壓力。「我們現在了解日光、新鮮空氣和自然對我們人類的重要性。」莫利說：「它們是我們如何思考、如何感覺以及有怎樣生產力的根本。」

接近日光的機會在辦公大樓中經常受到限制，或做為獎賞資深員工的特別禮遇，英格麗・費特・李從紐約和我通話時說道。她是工業設計家，也是「喜悅的美學」網站創始人及《喜悅的形式：張開發現美好的眼睛，世界就是最取之不盡的歡樂來源》一書的作者；而其TED演講觀看人次更超過一千七百萬。她的目標是要協助我們所有人藉由經常是極小的改變，來把喜悅帶入日常生活的設計。當我們談話時，她剛好在第一次翻新公寓，設計自己的居家辦公室。「現今關於自然光線、良好的人造照明、健康和心情相關的研究已相當受到認可，不過我認為我們許多人仍不是真的意識到它。」她回應莫利的說法。「針對工作者的研究顯示，坐在靠近較有陽光的窗戶或接近日光的人，比起坐在無窗空間的對象，晚上比較沒有睡眠障礙，他們每晚的睡眠時間多出四十六分鐘，白天體能也較活躍。對獨自工作者的重點是？「為自己找一個窗戶附近的空間，如果找不到，就配置可以讓你的空間充滿朝氣活力的照明。因為這可以顯著協助調整晝夜節律，讓你白天更加警覺，並有助於晚上睡得更好。這是一件基本但基礎的事，可以讓工作日更加美好。」她說。如果不在家工作，她經常會選擇靠窗座位。「我知道這將會讓我在這一天感覺愉快，並對咖啡因的需求減少。」更好的是，找一個看得到樹木或水邊的靠窗位置，世界各地的研究顯示，它們對於皮質醇分泌等事物具有鎮靜作用，一般而言，似乎也增進了創造力。

但要是你在地下室生活或工作，而無法靠窗而坐呢？「找一個晝光燈泡給自己。」

艾瑪．莫利說：「擁有暖色舒適的照明真的很棒，我喜歡家裡裝設暖色照明，但我們最近了解到，在辦公室的辦公桌使用暖色燈泡並不是好主意！我把它們換成晝光燈泡，這是快速致勝，而且不貴。」

使用日光不只和生理時鐘的晝夜節律，以及在白天擁有足夠能量有關。我們的晝夜節律涉及的方面極多，不僅僅只在睡眠，所以不干擾節律就非常重要。最近研究顯示，睡醒週期的關鍵性彰顯在維持健康的免疫系統，透過多巴胺、血清素、皮質醇和褪黑激素等荷爾蒙而來的情緒調節，血壓，以及能否有效從食物吸收養分、能量及脂肪。我們從陽光所攝取的維他命D，也是這敏感脆弱反應網絡的一部分。醫院研究調查置身不同光線程度的病人後發現，光線不足可能影響患者從心臟病發作等狀況的恢復速度及康復與否，同時影響到出院率。有些研究指出，孩童現今留在室內的時間增多，造成兒童近視率提升。

此外，傳統員工及獨自工作族置身白天自然光線的時間經常不足，夜間又過度暴露在來自螢幕的超刺激藍光。幾乎所有獨自工作族都曾這樣：工作到深夜，我們的臉龐在電腦或手機螢幕的白色光線之中顯得如幽靈般可怕，然後發現沒法在晚間睡上好幾小時。這是因為大腦無法如我們期待，做到因應從白天到夜晚的驟然改變，這不只是因為大腦難以抽離工作本身，也因為它需要歷史上藉由日落暮色所帶來的漸進式光線明暗轉換，但現在天色變暗就馬上打開明亮照明、調高電視和手機的亮度，則破壞了這個情況。更糟的是，如果我們白天就龜縮在暗淡的辦公室或房間陰暗角落的書桌前，我們的眼睛就無法吸收足夠的明亮光線，讓大腦為夜晚時間預做準備，這導致更多失眠現象。美國疾病管制中心宣布睡眠失調為公共衛生傳染病，因為其後果十分嚴重：車禍、醫療疏失，糖尿病和肥胖率增加。而我們飲食不定時更是遠遠拋開生理時鐘，這就是深夜吃大餐難以入眠的原因，並不僅僅是因為肚子太飽。

幸好，解決方法很容易，對於可以選擇個人常規的獨自工作族可能更加輕鬆：在白天外出，如果可以多出去幾次，讓自然光線促進腦內啡分泌、情緒調整，施展預防疾病的魔法。如果你是在低照明的地方工作，這尤其重要。因為你沒有會占據角落辦公室的老闆，如果可能，到光線充裕的窗邊工作。如果不能，安裝晝光燈泡做為辦公照明，並在黃昏時關掉它，然後轉換到屋內沐浴的暖色調低照明之中，它不像藍色或白光，不會讓大腦誤以為困在永無止盡的白天之中。（在上床前的一、兩小時，避免使用任何螢幕。）

感官與感性

在書桌放置植物，也具有驚人的力量。有研究指出，室內植物可以同時降低身體和心理壓力。而雪梨技術大學的另一項研究顯示，在工作場所點綴植物之後，緊張和焦慮降低百分之三十七；疲勞降低百分之三十八。還有研究披露，植物增加了慷慨大方的感覺（只是沒有人確切了解它的形成方式及原因），而且員工置身可看見植物的辦公室，生產力和創造力也提升。根據英國艾希特大學的研究，每一公尺擺放一盆室內植物（這很可以）提升了記憶力。知名的美國太空總署淨化空氣研究也指出，許多平常的室內植物可以去除空氣中的毒素，就是印表機等辦公裝置所釋出的物質。許多多肉植物和室內植物喜歡低照明，所以即使辦公室陰暗，它們也可能保持鮮綠。

我的居家辦公室中有四盆植物，但孩子在家時，我必須換到不同的替代桌子來寫這本書。我相信鄰居認為我瘋了，因為我時常一手拿著筆電袋子，另一手抱著一盆白鶴芋走出家門，但有它在螢幕旁邊，翠綠大葉在我打字時輕輕晃動，讓我工作狀況更好、更持久，而且更加快樂。（不過，我不會帶它去咖啡館。）

目前尚未得知對我們大腦產生作用的究竟是協助的特定植物，還是它帶給環境的顏色和細微動作，但可以確定的是：「相較於在所謂『貧乏工作環境』工作的人，基本上是指標準辦公室，牆壁沒有任何東西，非常米色和極簡風格，在配置藝術、植物和質感等豐富環境中工作的人，生產力提升百分之十五。」費特．李說道：「而當人們獲得掌控這些物品的權力（可以自行選擇），生產力更是激增了百分之三十二。我們對於工作空間的設計想法往往是，盡量不讓人分心，可以專注於工作。問題是，這不是心智的運作方式。心智需要一些繞路和漫遊。當心智專注在工作，我們的潛意識卻在評估周遭環境並詢問：『我安全嗎？我舒適嗎？這空間健康嗎？』如果放眼望去盡是光禿禿的牆壁，那麼潛意識的心智就會開始煩躁，開始憂慮。」

費特．李和莫利都認同把自然質感帶進工作空間，可以對我們焦躁不安的大腦施展巧妙手法。「周遭的質感當然會有影響。」莫利說：「採用木桌，避免使用白色塑膠桌。如果買不起木桌，就買（便宜的）骨董桌，或找有橡木或山毛櫸貼皮的桌子。同時找一些綠色物品，不管是沙發套、椅手扶或椅墊都行。」莫利是英國人，而有趣的是，各民族對顏色和質地似乎各有文化特性：澳洲人、丹麥人和西班牙人在辦公室含有藍色時，更具生產力；澳洲人也喜歡木頭；法國人被橘色包圍時，生產力較高；德國人喜歡石頭材質；印度工作喜歡綠色。

另一個對焦躁潛意識的撫慰做法是，把外在世界的意象帶進來。「任何可以讓你看到天空或戶外的東西，都是非常好的主意。」莫利說。就在此時，我抬頭發現到自己以三張大型的天空照片裝飾了居家辦公室，在我致力解決難題或文思阻塞時，我就會注視和端詳這些照片。

我們現在已經得知，讓我們工作頭腦和身體恢復很重要，我認為這些小小的外在置入代表著迷你恢復。「迷你恢復的觀念很有道理。」費特．李說：「來到辦公桌時，你是一個整體，但如果所有行事只是坐在電腦前面打字，而你置身空白隔間，這就撇下了部分的自己，基本上告訴這部分的自己暫停。許多〔我們的〕感官在一天當中沒有受到刺激，我們多數人在工作時不會用到大部分的感官，不會用到嗅覺，可能也不太用到聽覺，也沒有真正運用觸覺。如果可以找到把觸感和氣味帶入我們空間，以刺激這些其他感官的方法，就會讓這潛意識心智感覺忙碌且自在。與其相反的想法是：『我很無聊，需要去冰箱找點東西吃。』低程度的愉悅感官刺激確實有一些幫助。」但沒有研究顯示這提升了專注力，她說：「但我認為做法就是這樣：專注在手邊工作時，找一些事給潛意識的心智處理。把這些快樂、這些小小愉悅帶入一天當中，我認為這樣可以讓你感覺工作不是苦事，工作是一個快樂的地方。我很興奮能一早坐在辦公桌前，因為能夠置身讓我感覺舒服的事物之中，而不是把工作看成一種我們害怕會分心疏忽的事。如果你選擇獨自工作，那何不這麼說來歡慶此事：『我要讓我的工作生活、我的日子充滿喜悅。』因為絕對沒有東西能阻擋你這麼做。」

碰巧，我也因為類似理由放了一件羊毛絨在辦公椅背，我以為這是因為我喜歡感受舒適溫暖，但或許我是潛意識上想軟化可能的空間稜角？當然，絨毛有一部分是和舒適有關，我知道其他獨自工作者甚至會誇張到在腿上放置沉重毛毯，讓他們感覺溫暖及鎮靜。

溫暖很重要，尤其是在英國，以及尤其當你像我一樣是在有穿堂風的舊房子工作，但許多獨自工作族不容許自己工作時能夠保暖。我問過一群獨自工作者想要我在這本書探討什麼問題，其中最常出現的問題是，因為只有自己在工作，他們就不想打開整間公寓或整棟房子的暖氣，所以整天都覺得好冷。從環境和財務角度來看，這是可以理解的，但我們這樣度過一天卻很悲慘。現在市面上有許多相當環保的可攜式及插座式電熱器，這是一種選項。如果這不管用，再次想像你的穿著，我有可露出手指的（喀什米爾！）手腕暖套，這可以讓我使用滑鼠的手不會發冷僵硬，因為它最靠近寒冷的外牆；另外還有一件柔軟（或說破舊）的厚厚開襟毛衣，它可以加在我身上任何衣物外頭，在極為寒冷的日子還有一條圍巾。

保暖比我們想像的還要重要，針對辦公室溫度的研究目前規模不大，但結果卻相當驚人：其中一份評論研究指出，當辦公室溫度達到攝氏二十二度，生產力就會增加，但溫度再增高就會開始下降。另一項研究顯示，在較寒冷辦公室工作的人比在較溫暖辦公室的人，會在午餐攝取較多的熱量。還有一個研究透露，人們在天氣暖和時，比較有創造力。事實上，攝氏二十二度像是讓工作做得好的最佳溫度，這高於許多家庭、工作坊、庭院辦公室及工作室的溫度，說明了寒冷為何會讓人如此分心。

就坐

你是否大多坐著工作？「對於展開個人事業或創立第一間辦公室的人，我首先要說的事情之一是：你要坐在哪裡？」莫利說：「真的要好好考慮這件事，我知道有各式各樣的辦公椅，其中有些真的醜爆了，你不會想要它們出現在你家。但我今天上午在網路上看到一張訂價五十英鎊的椅子，而且得到相當好的評論。你可能會想，你無法投資這張椅子，但每當你因為沒有坐在適當椅子，而去整脊、按摩或做物理治療時，就會讓你花超過五十英鎊。即使五十英鎊感覺像是大數目，卻是很好的投資。更耐用的頂級椅子可能要價五百英鎊；相當於十次約會。」

而符合你打字風格的鍵盤（我有一個非常扁平的鍵盤，適合我的手腕）和舒適的滑鼠（我用平坦的藍牙觸控板，因為圓形抓握造成我重複性勞損）等物品，也都是很好的投資。你不會指望別人在痛苦和不舒服的情況下為你工作；我們應該把同樣的敬意擴展到自己身上。

我們的就坐習慣真的很困擾莫利，因為她設計工作場所時關心的事遠遠不只是牆壁要塗什麼顏色。「就坐可說是新式抽菸。」她告訴我：「就坐正在慢慢殺死我們大家，我們全都坐得太久了。」已有許多研究證實，每天長期久坐會因為心臟病等原因，增加早逝的風險；其中一項針對九萬兩千名女性的研究，顯示久坐和早逝有著線性關係。「超過百分之八十的人一天坐四到九小時，即使每隔一小時起身伸展也有所幫助，如果每小時移動身體三分鐘，就可以降低早逝風險百分之三十三。」她的個人祕訣是設定定時器來提醒自己起身動一動，設計大型辦公室時，她拒絕為每個人準備字紙簍，以迫使大家起身，並刻意把飲水器設置在遠處，這樣員工就必須走動。

不是每個人都是坐著工作；如果你不必如此，這可能不是壞事，只是任何重複的動作和姿勢都可能造成拉傷（我經常在廚房工作，在這種時候，我有一個很壞的習慣會把骨盆靠著前方的檯面，再往後拱起脊椎）。同樣地，少數人設法在床上、扶手椅或沙發上使用電腦工作，而且真的很喜愛這樣。如果你是其中一人，並且認為這樣對你行得通，那麼我說什麼你都不會（或無法）放棄。我認識一些作家為了因應其複雜的心理健康需求或身體疾病，會在一堆文獻和書籍包圍下，在床上工作；或是坐在舒適椅子裡膝上擺著邊桌來工作。如果你使用電腦卻沒有按照人體工學的建議來安排自己，那麼很重要的一件事就是聆聽你的身體，就跟坐在辦公椅的人一樣，並且定時休息及盡可能動一動。對任何姿勢性或重複性勞損迅速尋求協助，也是一大要點，因為勞損越是惡化就越難以治療。你是你的工具；別讓你的工具磨損了。

坐在電腦前的「正確」方式是像這樣：調整椅子讓雙腳可以平放在地板，大腿大致和地板平行；手臂也應該和地板平行，並輕放在書桌或檯面上，雙手可以輕鬆觸及鍵盤和滑鼠；眼睛應該和電腦螢幕上方同一高度，並大約保持一隻手臂的距離。背部應該保持自然直立姿勢，得到椅子的支撐，不該感覺駝背或過度伸展，滑鼠和鍵盤應該放在可輕鬆觸及的地方。

如果這些都不可行，那麼你可能需要腳踏或調整椅，我很矮，所以雙腳無法平踩在地板，和上臂垂直。輾轉在超級昂貴但顯然很不舒服的人體工學椅、讓我的膝蓋起疹子的跪椅、令人苦惱的餐椅，甚至還有一整年的粉紅色健身球之後，我目前有一張非常普通的辦公椅，由弧形山毛櫸膠合板製成，來自宜家家具。

收納

在我獨自工作的十一年中，有十年都沒有個人空間，如果沒有或無法擁有獨立空間可以工作，你還是可以為自己打造空間。「雕鑿出一個小空間，即使只是一張帶有掀板或捲板的書桌，也很值得一試；只要能藉此得到心理分界，就非常有用。」費特．李說道，而莫利也認同。「如果你在廚房餐桌工作，那最簡單的方式就是找個可愛的大箱子，在工作結束後把所有東西掃進箱子，然後隔天再一一拿出來。」她說。我在廚房餐桌的工作年代也有類似的做法，我在餐櫥裡有一個專用層板，所有該擺進箱子的東西都放在這個層板上，讓我可以關上門結束工作的一天。

要跟莫利說抱歉，但我的箱子看起來很暗淡又帶有塑膠感。她避用醜陋和平庸的辦公用具，考慮到我們現在對貧乏環境的了解，以及大腦對它們的回應，這種做法很有道理。「這是你的家，所以如果必須擁有這些東西，那就讓它們討人喜歡。」她大笑：「你身邊需要什麼工具？讓它們美麗，顯然這是來自設計師的看法，不是所有人都會在意筆和尺的模樣，但我認為許多人會注意。例如說，如果旁邊有一個漂亮的小筆筒，裡面裝著令人愉快的玩意兒，這就像有了一個小樂趣。」她建議從擅長製作可愛物品而非只是功能性產品的商家，尋找文具和其他辦公用品，並利用漂亮的玻璃罐等容器來放置膠帶和鋼夾，不要只是使用標準的辦公用品。

莫利也提倡整齊仔細地收納各種工作文件和紙張。「讓井然有序及整整齊齊可以輕鬆辦到，不管是以你喜歡的系統，為每一個接案準備一個小箱子，或是找尋其他按照你大腦運作方式的系統都可以。」她說。不過，她的意思不是說把所有東西堆成角落的一大堆，希望晚上可以忘記它們的存在。（直到最近，我一直以為自己的大腦是這麼運作。）

分界

費特・李在翻新其紐約公寓時，規劃了兩個辦公空間。他們沒有太多空間，所以同樣是獨自工作者的老公建議，或許他並不真的需要辦公室。「我說，不，不，不，我們兩人都需要辦公室，它們可以很小！基本上，它們會像是小型電話亭。如果沒有地方可以放置工作，就會和所有東西融合在一起，會在交往關係或家庭中，發生各式各樣的微妙事情。我需要一天結束後，讓工作有個歸處，可以放置筆記、書本，可以關上門的地方。我們先前的工作空間是靠在起居空間的一面牆壁，但我總是占據餐桌，這感覺工作和住家像是合而為一。當有兩個居家工作的夥伴，就會時常轉移空間，例如說，他需要打電話，而我需要換裝為活動做準備，但他在臥室進行視訊通話，這表示我不能進去那裡，我又需要淋浴。工作很容易替換家中活動，而我真的很想讓家有家的感覺。情況很快就會改觀，工作不再隨時跟我們同在。我很興奮能夠嘗試不同的情景，我們將會有一個小小的分界輪廓。」

社會學家鄭喜貞支持我們這種在工作和居家之間劃出界線的需求，即使工作是在居家裡面。「如果工作隨時無所不在，這會帶來生產力嗎？不只在情緒上，身體上也要抽離工作，這是非常有用及有好處的。有些人喜歡把一切融合在一起，在工作和家庭生活之間隨時進出，以便管理一切。這運作良好，他們也喜歡如此。但對其他人來說，就是需要介於兩者的空間。」

她主張如果在工作和日常生活之間建立分界，大部分的人會表現得更好，即使這個分界只是一個箱子，即使自認適用融合工作的人也應該長期留意生活。如果工作明顯待在廚房角落、客廳或臥室裡，並在非工作時間開始時，沒有標誌性的關閉，那麼就像在房間裡一樣，它會持續占據你腦袋裡的空間，就像手機上的電子郵件容許工作滲透進入早餐餐桌或健身房等處，而這原本是工作從來無法觸及的地方。這對你處理家庭、人際關係和停工期間等其他一切的心智頻寬，造成不可避免的衝擊，並延長大腦每天處理工作的時間。

共享工作空間

我最近不常使用共享工作空間，只是在有小孩之前，我經常採取這樣的工作方式。

我住的地方離共享工作空間不夠近，而我的時間又相當緊湊，來回這樣場所的交通時間可能會減少我已然縮短的工作日。所以，我訪問了一個非常了解共享空間的人。羅伯特．克洛普二〇一六年在結束婚姻生活之後，離開了他在佛羅里達坦納市的家。在這段糟糕的時期，來自同一共享空間的朋友給了他相當大的鼓舞，這使他決定更進一步了解造就優良共享工作空間的因素，並且享受一年的空檔壯遊（結果是好幾年）。他先是周遊美國各地，使用不同的共享工作空間來經營其電腦事業，並且給予評論，接著前往海外。他的網站（robertkropp.com）評論了從杜拜到洛杉磯等世界各地的共享工作空間，還有一系列相關文章，包括共享工作空間的禮儀，到這些場所不只值這些錢等主題。

「工作空間絕對會影響你的工作狀況。」克洛普從巴塞隆納和我通電話，他現在再婚住在這個城市，並慢慢降到一年只移居一、兩次。「因為普遍來說，如果你是遠距或自由工作者，你絕對會損失的一件事是，擁有同事的工作場所。遠距工作很重要，也繼續成長當中，卻沒有東西能取代握手及和別人面對面的交談。」

這並不是說你需要把附近工作的人當成真正的同事，事實上，不是同事有其優點。「你用不著和（共享工作空間）隔壁的人競爭。即使辦公室文化是合作，卻難免或多或少感覺到在跟別人競爭，也總有辦公室政治要應付。」這使得人際關係比較容易在共享工作空間中發展（如果你想要），相對之下，組織內的人際關係可能往往稍顯緊張。已有研究數據支持這種現象，該研究指出，沒有直接競爭關係，使得共享工作空間的成員在工作時，比辦公室員工更加自在，較少政治和視聽混淆，就比較有機會顯現單純的自己。

你也會出現某種程度的責任心。「我試過在家工作好幾次。」他大笑：「我對自己說要省一點，結果對我來說，這每一分錢都值得。因為在家的話，最後我會看 YouTube 好幾小時！我需要一些壓力，不是背後有人看我，而是附近有人在，如果他們注意到我剛剛在看 YouTube，可能會評判我。」跟我們許多人一樣，常規也讓克洛普茁壯成長，而這來自居家以外的空間。「我需要走出家門去工作，我需要區隔出工作場所，也需要工作空間穩定，例如說，家中網路比商業網路不穩，這是我心智運作的方式。」和費特·李一樣，他也喜歡窗戶，多年來他已學會慎重選擇座位，尤其是來到一個新的共享工作場地，他不會像我時常做的那樣，心中通常只想著要找到插座，而不管光線明亮程度及環境噪音，便砰然坐進第一張有空的桌位。

造就出優良工作空間的是什麼？對克洛普來說，要做出精確的答案，始終需要我們大家思考自己到底需要什麼才能有效率及快樂地工作；他強調即使不容易，和自己進行這樣的對話仍非常重要。但一般條件呢？「造成不良工作空間的事物，就跟造就不好公司的一樣。就看負責的人是否在意，是否有需要改變之處，對不對？即使這像咖啡沒了要有人加滿一樣簡單。」

當然，你可以不付會員費就取得一些好處，例如你家附近剛好有一家不錯的圖書館。但許多共享工作空間的開設者已經意識到，正面設計對我們大腦和生產力具有影響力，所以盡力選擇適當的椅子、有益的照片和自然材質，這在公共建築和咖啡館可能比較難找到。

對黛安・穆卡伊來說，共享工作空間的價值在於創建社群。「不想居家工作的獨立工作者可以在這些地方，找到追求工作生活相似、志同道合的個人，真正成為該社群的一員。」她告訴我：「我認為它們變得如此受歡迎的一個原因是，它們的確代表了一種社群。有很多地方可供人們選擇做為工作場所：咖啡館、圖書館，去朋友辦公室工作。但我認為人們願意付費到共享工作空間，很大程度是因為社群因素。」

回首過去，我認為我不怎麼喜歡共享工作空間的一個理由是，我所感受到的社群感並不豐富。在我以前去的場館，我認為它不曾給人可以尋求協助的感覺，經營該空間的人比較感興趣的是營造與眾不同及時髦的氛圍，而不是內容及支援。再次回首，我發現儘管完成了工作，我卻總是有種不屬於這裡的些微感覺。我們可能應該把這一點加進克洛普的清單。付費尋求歸屬，卻感覺到自己沒有歸屬，這樣毫無意義。

到戶外

在採訪探險家安娜・布萊威爾的時候，我不知道她正在艾希特大學攻讀碩士學位，研究自然對幸福健康的影響。我只計畫跟她談論有關她在北極縱走如何應付孤獨，以及對於荒野時光的演說。「近幾年來，有許多研究探討自然對於心理健康和整體幸福的好處。」她告訴我，解釋她為何放下縱走探險一年返回校園。「例如，樹木、植物、花朵、割草和葉子會釋放化學物質。如果你花十五分鐘穿過樹林或是剛割過草的原野，聞著這些自然氣味、這些化學物質，就會觸發大腦反應，減低皮質醇這種壓力荷爾蒙的分泌，同時降低血壓和心率。親近大自然會帶來許多生理反應。」

我們已經知道，所有時間都待在室內，我們一生有高達九成的時光，以及大約三千五百個工作日的大部分時間也都待在室內，這對我們的大腦、身體及晝夜節奏有不良影響。有趣的是，只需要一星期花兩小時在戶外，就可以大量抵消這個問題。「我的講師麥特·懷特博士是今年一項研究的首席研究學者，該研究在探討為何一星期置身自然一百二十分鐘是最佳的時間數量。」布萊威爾說：「無論是待在綠色或藍色空間，所以海邊、湖畔或河邊皆可，或是把一百二十分鐘分成少量，像是午餐休息時間散步二十分鐘；或是一次出去一百二十分鐘，都沒有關係。整體的幸福感和正面情緒會提升，任何抑鬱症狀和焦慮都會降低。我認為這真的非常有趣，因為我在大自然度過非常多的時光，我個人很重視它，所以現在真的很高興知道有確切證據，我不是毫無必要地一直喋喋不休說著這件事。」她大笑。

早在得知這個科學之前，布萊威爾就已付諸實行，我們所有人都可以採行她的習慣。「我在一家法律事務所工作一年半，感覺到朝九晚五的辦公室工作對我的心理健康造成影響，不過我做了一些非常成功的改變。我不搭公車上班，開始提早一小時出門，我會走路穿過幾個公園，沿著河岸行走。所以我會在親近自然及運動過後，展開一天工作，而這有許多額外的好處。我也走路回家，即使會在黑夜中行走；在午餐休息時間，我會去找最近的公園或小草地。光是坐在長凳上，在戶外吃午餐，看著鳥兒或樹葉從樹上飄落，就真的對我大有幫助。這也適用在居家工作，如果我覺得自己難以專注，覺得有點厭煩或無聊，或是失去動力，我就會穿上鞋子，出去散步一會兒，呼吸一些新鮮空氣，略為污染的空氣，但總之還是空氣。」

在我們約談的那天，我剛好在牛津邊緣工作，這裡比我居住的南倫敦容易找到綠色空間。一結束採訪，我就換上運動鞋，走上爸媽家後面的大山坡。我一路上都對自己嘀咕著，自家附近有多難找到公園，反正在一天開始和結束時，我也幾乎找不到任何時間，而且在一天有這麼多事要做的時候，我才不要在午餐時間外出。諸此之類。

走下山坡時，我開始比較橫向思考，這或許也比較具創造性。我一個孩子的舞蹈班就在一個大公園旁邊，而課程在放學後一小時才開始。如果我記得帶雨靴、雨衣和運動鞋，那麼我們可以在樹木附近待上半小時。而另一天有游泳課，它也在大型綠地旁邊。或許，與其坐在熱氣騰騰的運動中心裡，在條狀照明的咖啡館等候，我們可以在戶外跑跑，踢踢樹葉，看看松鼠，前往池塘。這需要做一些規劃，但如果這樣對孩子比較好，對我比較好，也對我的工作比較好，那麼這就是一個值得一試的折衷方案。

但為何待在戶外有助於我們回到室內時工作得更好呢？「我們只能專注一定限量的時間。」費特．李解釋：「我們的專注力隨著時間減退，但可以非常成功恢復注意力的事情之一就是自然，而且它似乎做得比其他任何東西更好：只要花幾分鐘親近自然，在自然環境散步，到戶外，就具有極大能力來恢復我們的注意力和專注力。」這個觀念甚至有個名稱：「注意力恢復理論」。儘管把自然元素帶進工作空間有所助益，但什麼也比不上走到戶外。

即使住在繁忙的城市，家裡沒有花園，還是可以到別的地方尋找大自然。「自然是屬於無論任何劑量都有好處的東西，但是越大劑量越好。」費特．李說。就算所能看到的只有人行道旁的一些樹木，這是否值得一試呢？「許多研究顯示，居住區域有越多樹，居民就越少出現心理健康的問題，這就跟郊區有越多的樹就會影響你的心理健康一樣簡單。」甚至有研究指出，接近自然降低了暴戾之氣和社會緊張，調查美國公共住宅後發現，被綠地和樹木包圍的高樓街區，比起沒有樹木的同樣街區，較少發生暴力攻擊事件，而回報的一般心理疲勞程度也較低。

當然，如果可以，去找尋比一棵樹更多的東西總是值得的。「寬闊的開放空間有許多好處，因為它們提供了一種自由和遼闊的感覺，讓眼睛可以望遠凝視，這和盯著前景不一樣，也是在城市無法時常得到的經驗，我們在城市不太有機會延伸目光。這真的很有幫助，因為整天盯著電腦的眼睛肌肉需要有時間放眼遠眺。」

自然還有其他各種樣貌，她說：「就像大自然裡有許多隱藏的碎形圖案，看看自然景觀，會發現許多事物有某種碎形維度。這想法是說，自然界有許多我們的大腦和潛意識在讀取的圖案。」碎形是出現在自然環境各處的重複圖案，像是出現在雲朵、樹葉、岩層、樹木、海浪、星系，以及可能最具識別度的，在寶塔菜（Romanesco broccoli）的螺旋之中。傑克．波洛克的畫作充滿碎形圖案，儘管它們明顯是隨機性質。觀看碎形已證實跟聽音樂一樣，對大腦有類似的影響；觀看碎形甚至可以快速協助我們從壓力中復原。

自從得知這一切，我就一直使用自然做為恢復工具，它的力量讓我讚嘆不已。即使我一些日子中所能做的只是看著街上的樹木，而我真的很努力端詳。黝黑的枯枝伸向昏暗的天空；早春展露的輕柔櫻花；多汁漿果溼溼答答墜落在道路上；銀色樺木脫落一圈圈如薄紙般的白色樹皮。

第11章

用餐和飲酒

我們有多少人在單獨工作時候吃得好？我們有誰不曾吃一包餅乾當午餐？或是吃穀片當午餐？吃穀片當晚餐？（吃新式穀片當晚餐？）在晚餐之前，吃掉一整罐鷹嘴豆泥和一盒麵包棒？吃掉一袋原本要用來烘焙的巧克力碎片？一整天沒吃東西？以吐司為主食？心不在焉地吃了半塊切達起司？曾經下午超級想吃巧克力，即使天空下著雨也一路走到加油站？（不，不是我。）

你，和你的工作，應當得到好好餵養。你應當有個午餐休息（按照你獨特的行程，也可能是晚餐，或是早餐），但似乎很難說服獨自工作者相信這件事。我時常這麼想，當我們告訴自己沒時間吃飯，就胡亂吃了穀片或吐司（或是，呃，巧克力），或是告訴自己已來到沒辦法休息的地步，而我們其實是在說：我不配得到像樣的午餐，我不配休息，我還沒有做夠，我可以做得更多，我需要做得更多，我不應該休息。或是，我可以休息，但只能帶著功能性的小小休息，或是幾乎沒有意義的只是塞進足以止住飢餓感的卡洛里，就是這樣。

我認為這種行為和我們選擇工作的地方有關，顯示它對我們生活的重要性。當沒有好好停下來為工作頭腦補充燃料，基本上就是在對自己和工作說：這不重要。我們認為我們是在說：我的工作重要到甚至沒辦法停下來吃東西。但我們其實是沒能把自己的健康福祉和工作能力，以及以外的生活功能，放在一天的中心，而這原是它應有的位置。

我在獨自工作者的幾個臉書社群上，眾包（crowd-sourced）了這本書的一些問題。我張貼：「你們想要我嘗試回答什麼問題？」我真的很驚訝地看到有數十個回覆是大同小異的一種說法：「請幫幫我，怎麼停止去冰箱找東西吃？」或「有什麼可以飛速吃完的午餐食物，但不要是穀片或吐司？」等到開始剝繭抽絲，我發現這真是大哉問：當感覺到我們的時間真的就是金錢時，有什麼可以讓人吃得又快又滿足呢？

為獨自一人吃什麼又怎麼吃的問題找出路，可能相當複雜。壓力荷爾蒙皮質醇會增加食欲，尤其是對糖類或脂肪的渴求。如果你獨自一人，責任心就比較少，也比較沒有人監督。沒有大眾食堂可以社交，可以隨意走進去拿個三明治吃。這種用餐方式有其優點，五頓六英鎊午餐，一年花費一千五百六十英鎊，而且不用只吃冰過頭、裝在塑膠容器的沙拉。不過，我們許多人不是這樣（我同為獨自工作者的媽媽簡直快逼瘋我，堅持兩片乾麵包夾一片火腿就是像樣的午餐）。我認為這披露了相當深刻的一件事，即多數的獨自工作者對其工作及工作的生活定位所抱持的感覺。

當然，總會有這樣的日子，附近找不到什麼好食物，一個大案子的交件日就要到了，或是你出差到了什麼偏遠不知名的地方。就是有找不到食物的時候。但是，沒有讓身體和大腦得到規律進食，對健康的確有著嚴重的長期隱憂，不只是體重增加，身體也逐漸習慣處理血糖和胰島素，不管大腦和心臟是否得到足夠正確種類的健康脂肪，也不管腸道菌叢（這是我們才剛開始了解的領域）是否棲息充足的益菌，而這些益菌有助於支持免疫系統，甚至促進心理健康。吃得不夠，或只攝取空有熱量，會讓人比較不容易做好工作，因為在以穀片和吐司等低營養的高醣食物當正餐之下，身體和大腦（還有靈魂）無法茁壯成長。

可能很難認為午餐是一個值得認真關注的議題，不過食物是可以讓我們從快樂到絕望的複雜棘手東西之一。有時，感覺像是沒有時間可以準備像樣的東西來吃，因為時間飛逝，在嚇人的長長待辦清單中，讓自己吃東西可是敬陪末座。但是回到第五章探討過的時間不足，我們知道缺乏時間的感覺可能讓我們做出各種怪異的事，其中一點就是吃不健康的速食或方便餐，較少煮食，較長獨食。這些都已證實會增加肥胖及其他慢性健康問題的風險。

如果你受雇於英國，並且一天工作超過六小時，就有權得到二十分鐘的休息時間（許多雇主給予的時間遠超於此）；美國有些州並沒有強制的休息時段，但包括加州在內的州則在工作超過五小時的情況下，給予三十分鐘的午餐休息時間；而其他像是內布拉斯加州，則要求員工在八小時值班中，離開工作崗位休息三十分鐘。我們真的需要允許自己擁有如受雇同仁平常獲得的最少休息時間。試想有個雇主對你說，你無權在工作中用餐休息，你一定會火冒三丈，所以我們不該這樣對待自己。

有時，當只有我們自己吃的情況下，準備比玉米片更精緻的東西會讓人感覺太放縱。吐司和穀片等食物通常含有高量的精製醣類（即使是宣稱高纖或全穀製成），這可能造成血糖激增，隨後血糖和腦內的愉快荷爾蒙同時失調，接著導致活力低落，然後又渴望更多的醣類……形成吐司當午餐，下午三點吃餅乾的循環週期。精製醣類變成血液的葡萄糖，胰臟分泌胰島素，轉換葡萄糖成為可立即使用的能量，或以少量儲存於肌肉，或大量成為脂肪以待未來饑荒時期使用。長遠看來，身體可能很難應付這樣的暴起暴落。如果很不幸，尤其是在多醣已造成嚴重體重增加的情況下，你開始出現胰島素阻抗，非常難以完全處理醣類。（而非常長期來說，這可能導致前期糖尿病疾病或是肥胖本身。）

我對你穿的長褲尺寸沒興趣。我們處理所攝取食物的情況不盡相同，也都有不同的體型，我對肥胖羞辱毫無興趣。我喜歡美食，也幾乎不能說自己瘦。但我們所吃的食物會改變大腦和身體的運作方式，以及限制我們有效及妥善工作的能力，我認為我們許多人都未曾察覺到這一點（包括我，我直到最近才明白）。經過多年來在下午三點感覺極度疲倦，我終於了解到毀掉我下午時光的元凶是我的巧克力棒。等一停掉午餐後的超甜牛奶巧克力棒，我也就不再覺得一小時後需要補充糖分。我不再需要下午後半的咖啡因飲料，也跟著讓我凌晨一點不再兩眼圓睜，清醒看著犯罪影集。

不過，醣類不是唯一的問題。我們的大腦和腸道菌叢需要各種養分才能運作良好，其中許多養分需要來自蔬果，有些需要裸食（raw food）。一餐之中攝取各類不同養分，保持少醣（一握是用來測量醣類分量的好用方法），有助於給予大腦在接下來的一天好好發揮所需要的一切，而任由血糖的暴起暴落可能把下午時光砸成碎片。

如果每週採購一次，請先砍除你的壞習慣：不要再買你知道不該吃卻忍不住要吃的東西。這聽起來像是不證自明，但如果沒有這些不健康食品，就很難吃到它。零食絕對可以，不過還是去買一些對你有好處的東西，這樣比較沒有負擔，像是堅果、水果、鷹嘴豆泥，甚至是合適的黑巧克力。如果有人來我家，我從來不會拿餅乾招待他們，因為有餅乾我就會吃餅乾，所有的餅乾。我甚至沒那麼喜歡吃餅乾，但我們都被預先設定了喜歡甜食、多脂及醣類食物，這些東西開始隨手可得只占人類歷史一小部分，但我就是抗拒不了它們。（我老公在他的工作室放了一堆餅乾用來招待客戶；很討人厭的是，他抗拒得了。現在是上午十一點五十三分，我在他的工作室寫這段文字，已經吃掉四片這種小混蛋。）同樣的情況也出現在巧克力，我不能在家裡放巧克力，否則會在寫稿子途中，發現自己來到廚房，吃得滿臉都是巧克力，卻完全不記得自己什麼時候離開書桌。如果為了客人或孩子，家中一定要放餅乾，那就冰起來。如果可以在你心不在焉去拿餅乾和猛然想到「我在做什麼？我根本不想吃餅乾」之間，製造一段延遲時間，就可以減少乾餅消耗量。（剛從冰箱拿出來的餅乾很可怕。）如果知道有客人要來，預先解凍一些餅乾。抵抗不可抗拒事物需要意志力，那就盡量減少需要意志力的時刻吧。最容易的辦法就是，不要在家裡放這些東西，不過如果因為週末訪客及生日，家中有了剩餘的蛋糕，我就會切成小片冷凍起來，盡量讓我無法少量多食吃光它們。

我發現膳食計畫雖然有用但很枯燥。我不會計畫每一頓午餐的內容，而是直接去採購，所以我手邊有各種材料，可以讓我迅速做出營養豐富又美味的一餐，其中美味是關鍵。食材切剁和配置的過程非常基礎且需要集中心力，這也是讓你藉由身體和大腦沉浸在其他事而得到休息的一種很好方式。但我認為這樣準備膳食，也展現出對自己一定的敬意，這是把塑膠盤盛裝的東西砰然放進微波爐所難以企及的。

我不會從零開始準備一切，我只是加一些新鮮食材到現成的東西，例如說，我雖然不怎麼愛魚柳三明治，但還是使用了真正美味的麵包（這是我已先切片放在冷凍庫的），添加脆感的小黃瓜，如果有的話再加上生菜，或茴香片、小紅蘿蔔片，然後我用剁碎的續隨子和醃漬酸黃瓜，混合市售美乃滋，做出一湯匙塔塔醬。

我的冰箱冰了很多可以久放的蔬菜，像是茴香、尖頭高麗菜、小黃瓜、胡蘿蔔、菊苣、青豆、青花菜。然後，我會加一些新鮮生吃或稍微煮過的蔬菜到餐點上，即使盤中食物大部分是來自罐裝食品。如果沒有這些食材，我就會扔進一把冷凍蔬菜，我喜歡在青醬義大利麵裡加青豆，或是煮熱冷凍全葉菠菜，加入檸檬汁和一些奶油，放到吐司上後，最後再疊上水波蛋。不管是新鮮、煮過或冷凍食材，這樣都提高了餐點的營養成分，並增加了纖維質，有助於穩定接下來幾小時的血糖。而且知道自己吃得好，感覺很棒。

我會盡可能使用風味強烈的材料：辣椒、續隨子、濃乳酪、鯷魚、更多辣椒、大蒜、薑，以最小努力讓餐點最為美味。有時，我會加入可以提升營養等級的額外食材，在義麵醬加入一撮杏仁粉；在亞洲式麵食加入花生、芝麻籽或蛋；沙拉加進酥脆的香烤南瓜籽。我的冰箱有一整排架子全獻給各種醬罐：咖哩醬、酸辣醬、墨西哥辣醬、橄欖、油浸烤甜椒、醃漬辣椒、魚露、辣醬、是拉差辣椒醬和各式各樣的芥茉醬……任何只需要轉開瓶蓋就能增加食物魅力的東西。

我會確保櫥櫃裡放滿乾糧，在沒有三明治可吃的日子中食用。除了一堆義大利麵和麵條之外，還有許多美味的罐裝湯（的確存在）。熟豆罐頭也非常好用，小顆普伊扁豆、鷹嘴豆和白腰豆搭配沙拉都非常好吃。

當孩子上了幼兒園，而我需要在傍晚接回的十五分鐘內，趁孩子還不會累到什麼都吃不下前，讓他們有東西吃，這時我開始採用批量備餐。這非常有用，現在不只為孩子準備，我會每次煮雙倍分量：千層麵、起司通心粉、胡蘿蔔孜然濃湯、南瓜湯、黑豆湯、小扁豆咖哩、波隆那肉醬、魚排……我甚至做了一堆烤馬鈴薯，這樣當你真的需要把東西放進微波爐，就不去理它時，總有東西可以當午餐。

有一些食物標榜對腦部健康有益，現實情況是，營養科學絕非這麼簡單，不是吃一堆藍莓就會讓你的記憶力更佳。但是，確保 omega-3 和 omega-6 脂肪酸攝取均衡還是非常有價值。它們最常見於鮭魚和鯖魚等豐富油脂的魚類之中，而其略為不容易轉換利用的形態也存在於亞麻籽、酪梨和核桃之中（如果你真的認為自己攝取不足，就吃補充品）。不會損傷大腦或腸道的其他食物包括羽衣甘藍和青花菜等綠葉蔬菜，黑巧克力（不加牛奶）、紅色或紫色莓果、布格麥（bulghur wheat）、翡麥和洋薏米等全穀粒，除了幫助腸道益菌，還給予我們各種維他命和抗氧化劑，這些全被認為有助於保持大腦健康，或許還可以減緩長期的認知衰退。

如果你困在獨食的窠臼之中，而這一切改變感覺像是無法掌控（以及太多採購），請試著在每週常規中加上一、兩頓新膳食就好，選擇可輕易完成的餐點。如果親自做菜真的不具吸引力，那麼可以買什麼食物讓用餐更愉快？是否有可以改善即食餐的自加食材？加在現成魚排旁邊的沙拉？在罐頭辣豆湯撒上一些羊乳酪和酪梨碎片？如果你認為自己離不開三明治，能否使用更好的麵包、更美味的乳酪或鯖魚醬，加上一些生菜和華麗的醃黃瓜呢？

獨自工作者的午餐建議可參見 www.howtoworkalone.com。

*

我們應該還要討論個人工作和酒精的關係。目前並沒有數據顯示自營工作者是否比受雇者容易出現酒精濫用，但我們確實了解年輕人和男性比較容易陷入這個問題，還有某些職業的酒精和藥物濫用比較常見，而且可能也比較讓人接受。這包括法律、藝術、娛樂、食物、飲酒、營造、財經、行政和支援服務，這些是有許多獨自工作者參與的領域，感覺寂寞孤立的人可能比較易於和酒精陷入麻煩的關係。

我曾有過喝很多酒的時期，尤其是當我在報社工作，後來成為獨自工作者，又在國家電視臺擔任每週酒類專家的期間。這習慣從未真正失控，卻不是長遠幸福的祕訣，也不是讓工作有傑出表現的方式。當時有許多工作活動都是酩酊大醉的場子；因為在場的人每個人都喝很多，喝醉酒很正常。置身這種環境，很難就個人狀況，後退客觀審視自己是否喝了太多。

我的酒精管理方式是，為飲酒時間和地點訂出規範。問題不只在酒精，還有它表明的意義。當我倒了一杯酒，就等於做出了非常清楚的示意，或許比生活其他東西都要清楚：我喝酒不工作（撰寫酒類文章時，我會把酒吐出來）。因此，如果我在喝酒，就表示不是在工作。（最可能的是，我也沒在照顧小孩！）酒精和社交、放鬆及釋放壓力有關，當然，這全都是酒精本身的化學作用。儘管酒精本身可能讓人成癮，但社會文化觀點或許也一起加入誘惑行列。獨自工作者可能很容易陷入酒精，身旁沒有實際的團隊可以前來慶祝或安慰，喝酒便成了抒發情緒的一種簡單方式。

我撰寫紅酒、啤酒、烈酒和雞尾酒的文章。酒精在社會上擁有迷人的地位，我喜歡它周遭的儀式，以及我們藉酒示意和慶祝的方式。但是……使用可以吃喝的東西做為工作的獎賞卻不是好主意，而酒類可能是其中最糟的一種。兩年前，我和史蒂夫決定需要縮減開銷，所以星期一到星期五之間在家不喝酒。如果有很好的理由，像是生日或其他大事需要慶祝，我們一個月可以放縱自己一次工作日晚間喝酒。這很管用，因為就像所有的最佳規則，其中有一些經過監督的彈性空間。如果規則只是單純這樣規定：星期一到星期五不准喝酒，就會比較難以恪守。不過因為在外出或和朋友聚會時，我們可以免除這個規則，感覺就沒那麼嚴苛。

對彼此負責也很有用。我為這本書出差一星期，然後所有規則全都消失不見。以我的行為來試著了解以下情況很有趣，就是當我們努力工作，或離開例行常規及平時環境，或比平常更加孤獨的時候，獎賞可能會造成問題，尤其獎賞還是美酒這種本質上讓人放鬆且美味的東西。你也不需要我來告訴你，宿醉工作可是很少具有創造力或生產力。在我宿醉的時候，你最有可能發現我在整理郵件或重新擺放文書資料，而不是寫書。

Part 3

關鍵重點

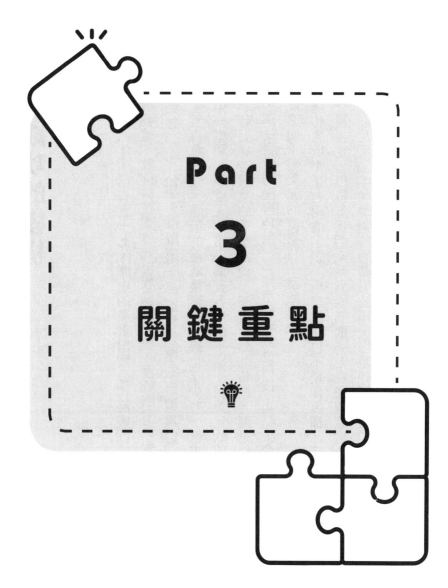

第12章 成功的模樣

一九九六年，已有五十七年歷史的漫畫出版公司漫威就快倒閉了。漫畫銷售不如往昔，市場萎縮，數位科技讓傳統出版黯然失色，漫威眼看就要破產了。

換到二〇〇八年，漫威第一部獲利豐厚的自製電影《鋼鐵人》上映，票房達五億八千五百萬美元。隨後的漫威電影每一部也至少有一億美元票房，而光是《復仇者聯盟》第一集和《鋼鐵人》第三集就各自創下逾十億美元的票房。在這十二年期間，漫威經歷了時而痛苦難熬的重塑過程，不是全然的新創，而是以新方式利用既有資產（家喻戶曉、深受喜愛的漫畫角色）：採用最新數位科技，製作大場面電影。在二〇〇九年，迪士尼以逾四十億美元的價格買下漫威娛樂。

成功和失敗不是有用的字眼，現實生活也不是像這樣二元對立。從文化角度，失敗被視為一種否定，但接著我們又見到搖搖欲墜走在失敗懸崖上的企業卻轉危為安。想想賈伯斯在一九八〇年代離開時的蘋果公司，它是如何在賈伯斯於一九九七年重返後死裡逃生。再想想聯邦快遞，在一九七〇年代早期創立後的前幾年，該公司就快要因為買燃油給自家飛機而用光現金，使得創始人菲德·史密斯帶著公司最後的五千美元到拉斯維加斯，然後在二十一點賭桌贏得足以讓公司再撐過關鍵一星期的資金。（參考一下：這不是值得推薦的財務策略。）

有時，我們最大的明顯失敗換來隨後意想不到的回報，不只是在工作，在一般生活也是如此。因為休完產假回來後，我有好幾個月沒有其他帶薪工作，我只有寫這本書提案的時間，最後藉此拿到了出版社合約。我的職業生涯中，不算真的有一段「成功」期間。我爭取聯合國工作「失敗」；爭取每日電訊報工作「失敗」，而這後來讓我拿到了觀察家報更好的工作。我的二字頭歲月用在和未來展望建立關係卻「失敗」；三字頭前半歲月用來努力懷孕也「失敗」。而有時候，遠遠看起來像是成功的事物，等實現後，感覺卻完全不像成功。

我們許多人受到一種成功看法的折磨，我們認為自己現在「應該」已經成功：我們應該這樣，我們應該那樣，我們「應該」擁有其他東西。但是成功和失敗只是一種構想（就像意義），它們不是客觀的東西。隨著不同視角，它們會呈現漣漪和變化，沒有所謂的「應該」。

為何當快樂依附在成功時，兩者皆不得？

當不經意在腦海裡建立了這樣的框架：「我唯有成功時才會快樂」，尤其如果不知道成功的樣貌，快樂和成功很有可能總是看起來像在下一座山坡。我們認為：「只要我工作再努力一點，再久一點，一路上再做幾次個人的犧牲，我就會到達。」不過，如果成功仍是模糊的想法，高峰將永遠看起來遙不可及，而你心中的成功版本所要求的犧牲可能更加沉重。這像是值得放上 Instagram 的警句（的確是），卻真實得令人惱火：你必須讓通往成功的旅程連結快樂本身，否則你在這段旅程將悲慘無比。

這就跟那些杜撰的高階主管一樣，像魔鬼般工作了三十年，以便在富得流油中退休，卻發現不是生活空虛空洞，就是在還沒來得及享受退休生活前便悲劇地死掉了。對我們這些獨自工作的人來說，這件事更加關鍵，基於我們已經討論過的所有原因：孤獨可能會損及你的健康快樂，而孤獨又讓獨自工作者可能輕易落入一個無止盡不拘形式的苦幹生活。

成功當然會讓你快樂，而且也應該如此！但它不該是我們寄託快樂希望的東西。如果發現自己過度頻繁這麼想：「等到……情況就會好轉」時，那就自問你是否真的如此行動？反常的是，繞過這件事的一種方式是去慶祝較小的快樂，來把快樂帶進旅程，你贏得一個新客戶，被要求去做簡報，寫的東西被刊登了，這個月的收入很不錯，獲邀參加一個赫赫有名的商業人脈網，別人給了你一個很棒的回饋意見。

你的成功版本是什麼？

如果不知道成功對你的意義，就很難了解需要做什麼才能實現它，而且會更難分辨什麼時候已經成功了。

我們需要盡可能去除我們想法中別人的期望。不管媽媽是否認為你現在應該要有自己的房子了，或是同屆畢業的每個人錢賺得比你多一倍，這些都不重要。例如說，對荻歐·貝迪亞哥來說，成功是可以送她未來的孩子（還沒出生）上大學，這對二十七歲的人來說，真是長遠的一局，也不是我預期她會給我的答案。（我現在真的早該了解總會有意外出現。）

重要的是，你眼中的成功是什麼模樣。更加重要的是，你的成功不是只跟工作有關。從大局思考整個生活，會得到最好的成果，考慮到獨自工作族生活的模糊程度，這很有道理。工作不是生活中一個分離留置的區域，它就是生活，影響了其餘部分。

如同黛安·穆卡伊所說：「很容易預設自己去按照其他人的行事，因此你便有點按照其他人的成功版本。」她經常協助客戶和學生找出個人化的成功版本。「你想要過什麼樣的生活方式？寫下對你真的很重要的東西名稱，這樣就可以判定它們需要花費多少錢，然後確認你到底要賺多少錢才能過上你覺得重要的生活方式。因為你用不著從事其他人過著的生活方式，你用不著擁有郊區房子，或許市區的公寓對你就很完美，或許鄉村小屋就很棒，這些東西具有非常不同的成本結構。這種白板練習往往顯示出，人們之前的生活是否完全符合其優先事項及價值，在許多例子中，它會比人們現在的生活來得低價，因為他們現在的生活全是跟別人的方式有關。」

記得本書剛開始時，提到里維森・伍德很難適應成功嗎？他覺得像是被繞著他工作打轉的所有事物給吞沒了，尤其是那些因支持其真正工作而來的活動和約會，經常每天都有，這讓他感受到巨大壓力。他很難切割兩件其實非常獨立的事情，一件是他成功的領域：遠征探險、製作電視節目、撰寫相關的書。另一件是隨著成功而來的事，但又不算成功的一部分。這讓他質疑「成功」的意義，直到發現自己可以對這些讓他沒時間過自己生活的事情說不，可以部分拒絕，也可以全部回絕。他曾經短暫地忘記了自己對成功的定義，但它絕對不是意指沒有自己的生活。

成功願景

要找出屬於你的成功是什麼，請放大格局。不要訂出一套生涯目標，把它當成一個願景，思考你整個人生想要什麼。如果讓你自己設計，五年或十年後你的生活會是什麼樣子？你是否想要保留時間給工作以外的生活？你是否有特定的目標？在大型業界會議演說？從事特定的案子？是否希望自己能雇用一個團隊？是否想要擁有足夠的客戶，讓你可以租一間辦公室而不用在家工作？或許有一個你想要爭取到的特定客戶。是否想要賣出足夠的產品，讓自己可以靠收益過活？是否想要展開線上服務？是否想要拓展事業到多處場所、城市，甚至國家？是否只想繼續做你熱愛的事？

那麼其他生活方面呢？你想住在哪裡？住什麼樣的房子？是否想要有個家庭或有個伴侶？是否想要身材更結實或更健康？是否想要學習新事物？是否有想要實現的事，像是運動達到新層級，或是製作、整修或翻新某個東西呢？盡可能隨心仔細刻劃展望（同時記住，除非你真的想要，否則用不著改變或增加任何事）。並列工作和非工作，就比較可能做出讓雙方實際地共存的選擇或計畫，或是看看什麼地方需要有所妥協。

在找出自己的成功定義時，我們需要同時發揮想像又保持精確。需要想像力是因為必須考慮還未擁有的生活；需要保持精確是因為為了能夠實現，目標必須具體並且有終點，否則彩虹的底端只會移得更遠：「我想要付清就學貸款。」「我想要我的事業在社群媒體得到一萬個追蹤者。」「我要存錢買公寓。」哎，甚至是「我只想買設計師手袋。」這也沒問題，只要清楚自己要做什麼，以及它的終點就可以了。

如果你喜歡，可以寫下答案，或只是在心中反覆琢磨，但要讓自己清楚了解你的工作目標。（我有一本筆記本專門用來寫下這些想法，有人喜歡製作夢想板，你也可以輕鬆使用 Pinterest 應用程式，或是把所有想法寫在一大張紙上。說真的，不管感覺有多荒謬都是可以選擇的道路，只要你放手去做。）

不管你的成功是什麼樣貌，絕對和別人的都不一樣。

現時日誌

我首先想要說明，我從沒想過自己會寫出以下這些段落的內容。不過，我要再更深入這個設定願景的觀點，這是勵志演說家瑞秋．霍利斯所教授的一種技巧，她稱之為（或銷售為）「今天開展日誌」。我稱為現時日誌，並記在隨意的舊筆記。

進行方式仿照上述，在一大張紙上寫下十年後想要的生活樣貌。其中涵括一切：志向抱負、健康、體能、工作、外表、成就、家庭、房子、金錢等等。我的「十年後生活最佳版本」的紙上包括一些大事像是：「快樂並對現今感恩」、「財務穩定」、「成為善解人意的伴侶及媽媽」到「有漂亮的頭髮」（還是虛榮）。然後把這些濃縮成十個聲明，如果這些全都實現，將會給予你想要的生活。然後用現在式寫下來。

對我來說，第一個聲明變成「我現在要跑步」。我當時不跑步，但我知道定期跑步將讓我往紙張上的人生方向前進：我會變得健康、結實和強壯，我會比較不焦慮，會更為快樂，我會比較專注，比較不會感覺沒時間。

另一個現在式條目變成：我現在不沉溺手機。其他包括：得到美好婚姻（我的確已經擁有，並且想要維持下去）；財務井然有序；對自己和他人都親切有耐心；得到支持事業的員工。

訣竅是每天重複寫下清單，永遠是十件事，永遠用現在式。在最底下寫出一件你真的要去做的事，這想法不是努力實現清單上的每一件事，而只是選擇一件，然後專注做到。我的第一件是跑步，所以再次寫下整個清單後，我會寫：「要讓目標實現是每星期跑步三次。」

第一件詭異的事是，我馬上開始每星期跑步三次，並且維持下去。（大約六個月後，我的臀部受傷，不太能跑步；現在我把「我現在要跑步」改成「我要照顧身體」。我在底下條目寫道：我每星期運動三次。我也辦到了。）

第二件詭異的事是，我在第一張清單的第二個條目寫下：「我把自己的想法寫成書，而且書極為暢銷。」一直到這本書之前，我做的書不是別人的想法，就是和別人合著。我熱愛這樣的工作，但也一直渴望能做出完全屬於我自己的作品。

我盡職地寫了清單好幾個星期，期間只專注於跑步。然後，我的經紀人打電話過來。他和一名出版商吃過午餐，對方正在企劃像這本書的新書單，喜歡我的構想，此時這個構想已存在五年了。不到幾天，我就跟她見面，寫了試稿，然後拿到合約。我不相信宇宙顯化，不相信這宇宙會在意我，不相信自我實現論，但我發現這整件事很難解釋。（只能說是一個讓人開心的重大巧合。）

我發現尤其詭異的是因為，霍利斯說這種事就是會發生。她說藉由致力清單上單一條目，其他事情也會開始水到渠成。而這是我的經驗。自從寫下「財務井然有序」，我就完成記帳，並開始一些長期和退休投資。自從寫下「得到支持事業的員工」，我已找到了一個線上助理並開始採用自由工作者。我並沒有特別計畫要做這些事，但它們明顯就是自然而然，而且相當輕鬆地發生了。

這為何管用？其中顯然單純和責任心有關。每天寫出「我現在要跑步」，卻完全不去跑步，感覺相當荒謬，而它也是一個積極及激勵的聲明。其中還明顯有著某種涓滴效應，想法被敲進你的大腦，默默影響你每天的行動。採用現在式寫法有助於讓它和現在連結，而不是訴諸於未來、遙遠、像是其他的自我。為當前的這一天設定明確的意圖有其好處。（抱歉，我知道自己聽起來像是健康上師。）我無法完全解釋這整件事，但我喜歡它。

第13章

規劃的力量

你是規劃族還是護翼族（winger）呢？不管是長期或短期，進行規劃對我來說是新鮮事。有很長一段時間，護翼它似乎是最好的選項。我不知道為什麼，規劃比較有壓力，降低取得良好結果的可能性，並且讓我焦慮。我猜想這是和未說出口的恐懼有關。如果我開始非常努力思考接下來必須做什麼，我害怕會了解到自己辦不到。有時，我認為自己沒時間做規劃，但大部分時間我想我就像一直用手指塞住耳朵，假裝即將發生的事並不會發生。

這不是駕馭生涯的好方式。

現今，不管是寫稿、錄影、活動或是未來五年的生涯，我都會認真進行規劃。我想我一度覺得既然人生不可預料，做規劃就沒有意義。我的感覺像是規劃會讓人僵化，甚至覺得不規劃能如此……自由，似乎比較酷，但情況並非如此二元對立。規劃只有在你死板固執才會成為問題，面對出乎意料的混亂時，比起毫無應對之計，修改既定計畫可就容易多了。

來自「瑣事＊」設計的艾瑪・莫利是事業規劃的愛好者，而且當她談論創業的話題時，屢屢提到這一點。「不管規模有多小，不管是否需要投資，務必規劃事業。」她說：「自從成為自營工作者的每一年，我都會建立一份事業規劃，並且每年更新。」她說：「停下來思考並擬定隨後一年策略的這段過程，我個人覺得這真的很重要，即使當時只有我一人，我不需要任何投資，也不用跟銀行打交道等等。創業時，並沒有說明書告訴你要做什麼。你有很多事情需要從根本上學習，但給自己一點策略和架構，真的很有幫助。這讓你不再感覺像是不知道自己在做什麼。」

瑪格麗特．赫弗南也有同樣的做法。「我每一年都會坐下來思考過去這一年。」她告訴我：「什麼事順利，什麼事不順利，而今年我想要做到什麼事。我寫下結論，經常就不再多看，等下一年回顧它時，通常發現我已完成大部分。有些心理研究指出，光是對自己說你要做某件事，你就比較有可能會去做。我會從財務角度、個人角度、身體健康角度和職業角度，來思考我想要得到什麼，想要接下來一年什麼模樣或感覺。我想要比較忙碌，還是比較不忙？我想要有更多時間在社交，還是現在已經做太多？我是否想要略微改變方向？我也會做這樣的財務規劃：『活著會花我多少錢，而如果有的話，我下一年已預定多少工作，可有版稅這樣的經常性收入？因此，我需要多少錢來讓今年過得可以？』而你懂的，剛開始這非常嚇人。」

她也寬鬆地規劃時間。「我規劃時間預算：我分析我多少時間不在家，比如我今年有一百五十個晚上在外，令人遺憾的是，這並非難以置信，如果是這樣的話，顯然我並不打算把它歸零，但明顯八十五晚會好很多。我明年會掌握這個狀態，看看是否改善或惡化。因為除了在家裡，我真的不太能寫作，所以如果我時常出差，就無法寫太多東西；想要多寫一點的方式就是多待在家裡。」

小提琴家夏洛特．史考特的規劃更加深入。她的方式是在真正經歷到之前，預先設想其職業生涯會遇上的大多數挑戰性狀況，這是紐約茱莉亞音樂學院的運動心理師教她的一種技巧。「就以試演來說。」她告訴我。「試演是你所從事最有壓力的事之一，這是完全虛假的環境，而人們就坐在那裡給你是或否的答案。而預先設想讓你可以有如之前已做過好多次，有如這不是全新嘗試，而進入這個情況。而且，你也表現出你所希望的演奏。」史考特是音樂家，但對於演講、說明會和會議，這個做法也適用。「它所建立的是另一種程度的專注，比如說，我接下來有個試演，而兩星期前，我開始預先設想。」而設想的是？「每一件事，從那天早上醒來開始，我要穿什麼去會場，這一整天。走進去之後，我會見到誰，要不要去洗手間，洗手。我了解演奏的房間嗎？如果不了解，我就會上網查看，努力找到它最有可能會是什麼模樣。鋼琴伴奏搭配得來嗎？我會想像搭得來和搭不來的狀況。我會想像許多情景，我會有什麼感覺？要怎麼呼吸？最重要的是，對即將要做的事要有打算。想像會表現出最佳狀況，想像結束後的感覺，在演奏的期間會發生什麼事。你在教導自己可能發生的所有面向。」她並不是在找出問題，她總是以正面積極的角度來設想經驗。這表示，她盡可能地掌握一切，而且是以最好的方式。

在一項同時包括歐美兩地自由工作者的研究已證實，成為積極主動及機敏的自由工作者可帶來較高時薪，對工作較高的滿意度。這同時也比較不可怕，進行規劃並不表示你永遠知道接下來的事，而是清楚了解自己的目標，以及如何規劃去實現它，而重新改造破碎的計畫比從頭規劃要可行多了。

第14章

比較的禍端（以及社群媒體為何討人厭）

我在第十二章探討了為什麼建立自己對成功的想法，不要參考其他人的成功版本很重要。但我們需要再多加談論和他人比較這件事，尤其是在這個經過高度策劃、重度過濾的社群媒體時代。沒錯，社群媒體提供了獨立工作者使用自由行銷和宣傳的機會。沒錯，它讓獨自工作族感覺比較有連結，並提供了一種寶貴途徑，得以找尋從事同樣工作方式和領域的其他人，並向他們學習。但也讓我們有意無意地比較自己和別人的生活。幾年前，一名與我共事但我們很少見面的編輯留言說，她一直在看我的貼文，看來我是過著真正快樂的生活。她是想表達親切，但我也認為她聽起來有點失意，而且我知道她感覺到辦公室工作有點陷入瓶頸。我指出，我沒有貼出自己深夜修稿或追討待付款的照片，我的生活並沒有那麼完美。而我沒有說的是，我當時也處於悲傷的不孕症之中，這個診斷危及我的交往關係並相當令我心碎。我的線上生活和真實生活完全不一樣，那是虛構假象。

你幾乎肯定擺脫不了社群媒體，但獨自工作族需要減輕它的不良影響，當我們獨處或自外於正規工作架構時，這尤其有害。

安琪拉・達克沃斯在其著作《恆毅力》中，有一段非常有趣的文字。她在其中提到社會學家丹尼爾・錢布利斯，對方發表了一篇研究報告〈卓越出自平凡〉，該研究主張任何領域的卓越不過只是經常重複執行的數百個，或數千個平凡小舉動所累積而成。卓越不會憑空出現。多數情況下，成功不是來自耀眼的地方，它來自起床後進行任何工作，而且往往今天做的是和昨天一樣的事。

這對我們獨自工作族之所以重要是因為，每每你拿自己和同一領域顯然較為「成功」的人比較，你並沒有看到在這之前增強並維持成功的所有平凡。是誰在 Instagram 張貼那張貼文？就像我的編輯，我們沒有看到數以千計的重複、駁回，以及第二次、第三次、第四次的嘗試，還有乏味及毅力，這是不管任何領域，如果要成功都需要經歷的一切。從文化角度，《恆毅力》以數十種生動方式證明這點，我們偏向於尋找天才，並且讚揚彷彿不需要任何努力的才能。錢布利斯對達克沃斯指向了尼采，來說明這一點。尼采說：「看著一切完美，我們不問它從何而來……我們歡慶現下事實，彷彿它像魔法一樣出現。」而我們全都喜愛一點魔法。

尼采觀點的另一面是，我們也使用這種對卓越的看法來讓自己絕緣於必須努力。如果天才或才能是一切，我們可以保有極端成功是留給天賦非凡的人的這種想法，讓自己擺脫困境。如果我們和別人做比較，並且悲傷地想著：「他們是這麼有才華，我永遠無法像他們一樣。」即使這讓我們難過，我們也用不著對此採取任何行動。他們有才能，就是這樣。而我們沒有，呵呵。

所以要記住一件事：當我們見到網路上的成就，這適用於工作，以及身體塑形等個人事務，我們沒有看見到達那裡的必要付出。如果你想要，就必須賣力苦幹。你想不想辛苦努力全看你自己，但要誠實面對閃閃動人的「成功」所需要的一切，儘管幾乎社群媒體上的所有人都不曾如此。

其次是，掛在社群媒體上對心理健康似乎有所影響。我們已經知道高度使用社群媒體像是與較高的寂寞感有關。但是，社群上的比較也增加了痛苦，面對（經過策展、超現實和半假）提供給我們的生活，我們會不由自主負面評判自己生活。實際上，當我們追蹤像是令人欽佩的人士時，對我們自尊的影響可能會更加糟糕。一項研究調查，當我們看到透露「高度活躍於社交人脈」和「充滿健康的習慣」等個人簡介時，會有什麼感覺，不用猜就知道，這對我們的自尊帶來嚴重的影響：整個破底。而當然，令人悲傷又諷刺的是，我們在網路上可能就是找尋這樣的人來追蹤：健康、結實的網紅、激發人心的演說者、同領域的業界領袖。因為我們認為，他們將會啟發我們或教育我們。

當然，社群媒體不全是壞處，而近年來，網路上的誠實作風已有極大的提升，並有提供心理健康支持和引導的用戶，還有新掀起的身體自愛運動（Body Positivity）。我並非建議我們全都發起社群媒體罷工運動。這像是老調重彈，但重點在於要了解其中可能的影響，以及它們給我們的感受，那麼我們就能對想要參與的事物和人物，做出選擇。

第15章 自由工作者的人脈網及如何建立

如果想在自由接案領域蓬勃發展，不管是選擇建立現實或線上社群，抑或兩者兼具，你都需要擁有一個支持的人脈網。如果你天性孤獨，那就可能需要較不頻繁的接觸，或者你的群組要小一點，但就算是內向者也需要有其他人。如果想到要參加人脈社交活動，就讓你想要躲進櫥櫃，這是可以理解的。事實上，如果選擇適合自己的，這些活動還是可以相當愉快，不再是枯燥無味的正式活動。攝影師卡美爾·金恩參加了一個叫做「蜂巢」的團體，該團體在北倫敦運作，舉辦的活動近乎完美，備有紅酒（使用玻璃杯而不是紙杯）和巧克力布朗尼，更談論各式各樣的獨自工作族事業，在我上次去的場次中，有一個壁紙織物設計師對他的生涯做了演說，另有一個單口相聲演員出席的座談會。

許多證據顯示，我們需要人脈網，尤其是當親友的工作方式和我們不一樣。如同布里吉德·舒爾特告訴我：「人類是社群動物，在和較大的人脈網絡連結時，表現得更好。許多健康調查及縱向研究探究了哪些人過著長久、快樂、滿足又健康的生活：擁有強大社交人脈網絡的人。這的確增加了復原力。和其他人連結幫助你保持理智，也可能帶來合作、想法及拓展事業的方法。」他們也能對我們非常獨特的問題，提供解決方案。

她說我們需要在我們的行事曆為此保留空間。「不管是參加工商協會或是人脈網群組、某種從屬團體，和同在一艘船上的其他人有聯繫，這樣你就不會感到太孤單。」她說：「我昨天和一名自由工作者談話，她參加了許多不同團體，有些是來自線上，她說他們不只分享資源，從事業角度幫助她，也會互相打氣說：『這行業就是這樣，不是只有你。』人脈網能夠提供看法觀點。」

的確，你可能不想拓展人脈網。「珍愛髮辮」護髮用品公司的創始人雅美莉亞・道納森是那種似乎可以一秒鐘掌握全場的人。「我剛開始非常痛恨。」她對我說：「我必須強迫自己走出舒適圈來進行這件事，跟朋友的朋友、同事的朋友這樣我已有某種既存關係的人建立關係，對我來說是相當自然的事；而獨自離開家，獨自參加活動，知道裡面的人我都不認識，這卻是挑戰。」她是如何克服的？「擺出勇敢的表情，記住好事絕對不是來自舒適圈。我學著把對於會認識誰又會學到什麼的恐懼，轉換為興奮之情。信心合成。做過幾次之後，就開始認識面孔，這些人就是你人脈網的前幾條線，不只是事業夥伴，也是事業的人性角度。你要找尋的人是真正關心在意你，在意你的工作、你所服務的社群以及你所致力的使命。」

不管你從事什麼工作，可能都有設定用來支持你的組織。如果你的行業沒有，就加入自由工作者合作團體，參考一下荷蘭的 Perspectivity.org，紐西蘭的 Enspiral.com、以比利時為據點的 Smart (Smarteu.org)、以荷蘭為據點的 Broodfonds、英國為據點的 Hoxby

Collective，還有許多許多其他團體。有些只存在於臉書，我參加了一個擁有五千多名女性自由創意者的臉書社群，而有些只存在於現實世界。艾歷斯．漢納弗德協助創立了德州奧斯丁的「截止日」，這是針對自由記者的團體，每幾個月聚會一次，他們在臉書上有五百名成員，而實際見面活動通常最多在六十人。最近許多人脈網發展出網路服務，線上人脈社交、線上研討會、視訊會議，以提供支援及訓練。

如果結構化的人脈社交真的不適合你，那就非正式地進行。先從向碰到的每個人問問題開始，即使對方的工作方式跟你不太相似。他們是怎麼抽出時間？最近做了什麼對他們很有用的改變？在展開自己的個人工作生涯時，希望有人告訴他們什麼？他們現在對什麼感到壓力？很少人會不喜歡談論自己，大部分人都喜歡這樣，這是讓你為自己工作生活得到量身定做的祕技的一種方法。你可能也能藉由這種方式找到非正式的導師，我不是說你應該別有用心，但大部分的人喜歡被詢問以及能夠幫助別人的感覺。

我不想陳腔濫調，但比起女性，男性往往對此事較為棘手，也比較不習慣這樣的交流。如果你的確如此，就藉由艾歷斯．漢納弗德的方法振作起來。「我認為交談時邊喝茶或啤酒真的很重要，因為這種情況男性才能放開聊。」他告訴我：「我一直認為就像諺語說的那樣：有人分擔，憂愁減半。我和朋友對於工作和家庭生活之類，總是無話不談。」如此一來，當需要幫忙，便發現很容易開口，部分是因為他和一起跑創傷新聞的其他記者，透過維持各式各樣非正式的人脈網，建立出一種隊友情誼。漢納弗德跑的線包括暴力犯罪和死刑，因此有時他需要的不只是極為支持他的妻子所能提供的。「幾年前，我負責衛報的死刑處決新聞，我不知道怎麼應付。」他告訴我：「離開監獄後，我要開兩小時的車回來，就坐在車裡。我有設定五、六人的電話，他們全是跟創傷新聞這種難應付的領域有關聯，而其中一人是精神科醫師。不是因為我需要看精神科，只是因為我知道他是一個我可以聊聊剛才目睹情景的好人選。我說了兩小時，聆聽他們要說的話，這真是非常好的談話，而且真的，我沒事了。」

其他獨自工作者的經驗不會這麼悲慘，但這並不表示我們不會需要類似的支持，有時候，這種支持不是我們的朋友和家人所能給予，不管他們多有意願，卻不是最佳人選。藉由建立職業人脈網，不管是正式還是非正式，我們都為自己提供了一種按個人工作量身定做的洩壓閥。

第16章 金錢問題（心理上）

金錢是一種外在動機，非常擅長在短期內激勵我們努力工作，但許多研究卻指出，就長期來說，金錢削弱了工作者的熱忱。這個現象很詭異，因為這不是我們從工作得知的訊息，以及得到的報酬。我們看待金錢酬勞的一般框架是，得到的酬勞越多，讓你感覺越受重視，所以就能更加努力工作。報酬過低絕對讓人失去動力，但結果發現，要激勵我們去工作所需要的不只是現金；至於金錢本身，不具其他更溫暖、更深入的激勵因素，可能讓工作感覺像是乏味的苦差事，甚至導致表現下降。（已證實即使是非金錢的回報也可能如此，就像是給予孩子良好行為的獎勵。除非其中同時有著非常強大的內在動機，酬勞似乎意指我們把獲得酬勞的事情自動重新架構成負面活動。）無論酬勞高低多寡，它和工作滿足感之間似乎沒有太大關聯。關於這個主題的大部分研究是針對在組織內的員工，而其調查後所透露的結果，至今仍有相當多的爭論，但可以從中推知的獨自工作者狀況讓我深感興趣。

如果你打算加入獨自工作族，就必須擁有或找到一些內在動機。從自己做的事得到報酬很重要，而金錢對我也很要緊。（尤其當我沒有任何錢；尤其當有個客戶對請款單總是拿不定主意；尤其當有人試著給我遠低於行情的費用。）但另一個讓我早上起床去工作的重大理由是，我熱愛它。我喜歡發現有趣事物，然後告訴其他人。這是我的內在動機。即使無酬我是否也願意去做呢？這是更為複雜的問題。沒人付錢給我，我當然還是願意寫作……但我必須夠有錢才能不需要其他工作，或有個不會占掉我太多時間、精神及體力的工作。你無法徹底解開內在及外在動機之間的糾結，對於獨自工作族的生存更是缺一不可。例如說，我喜歡做為新聞記者本身，但也喜歡它所能給予我的地位和權利。

你或許已受到內在動機的激勵來從事目前的工作，卻可能還沒發現到這一點。意識到內在動機可以預防金錢或地位（尊敬、表揚、授獎）占據我們太多的頭腦，擠走較為溫暖柔和的內在動機。

這是所謂的動機自我決定論的一部分，該理論指出動機來自三件事。要在工作得到內在動機，我們需要能力或有實現它的機會。其次，我們想要透過工作或在工作中和他人連結。第三，我們需要自主權，我們喜歡一切操之在我的感覺，能夠設立自己的條件。

這反映出許多我們已談論過的事：這三點全都和有意義的工作、復原力和勇氣、減輕寂寞感及找到專注方式等想法有關聯。結果證明，它們也影響了我們和金錢的關係。如果我們有這三點，並且受到內在動機激勵去工作，可能就比較不會執著於金錢。金錢本身仍是一種需求，但可以坐到後座。

這很重要，因為做為獨自工作者，有時會感覺收入是我們唯一可以應用在自己事業的評估工具，判斷一切是否朝著正確方向進行，尤其如果很難取得外在回饋意見或從中得到感謝。沒有足夠的金錢讓人更難思考其他方面的事，而金錢也和自我感知意識深深糾纏。在我的工作生活中，曾出現過數次手頭很緊，還有我非常年輕的時候，有時會過度依賴信用卡。在很後來，當我嚴格說來已成為作家的第二次產假之後，我經歷了一段可怕的沉寂時期，此時我再次了解到我是多麼喜歡用收入來向自己證明，自己是值得尊敬的人，是具有身為工作者及身為有用成年人的價值。沒有錢的經驗遠比有錢來得緊張，在感覺金錢緊缺的時候，會耗掉我們許多心智能量。

金錢有其他無益的副作用。針對時薪制的研究發現，一旦人們受到鼓勵把自己的工作時間想成按小時計價的貨幣，就會想要加長工時，以便賺取更多錢（即使有工作少的選項）；其他研究顯示，這也讓人比較難以享受無酬的時間。

這解釋了為何許多自由工作者無法拒絕有酬勞的工作，即使這表示他們的工時會繼續增加，變得更難以管理。當你開始按小時為你的時間訂價（或是按日，甚至是按件），而不是無論工作多少小時，都會自動轉入銀行帳戶的年薪，此時可能會發生兩件事：一是你想要使用你更多的有限時間資源來賺錢（因為你可以，這是領固定薪水通常辦不到的方式）；二是，你的時間貨幣化。時間被切割成計費區塊有個奇怪的影響，這會讓它似乎更為稀少，而稀少性讓我們的行為變得較不理性，進而做出更壞的決定。另一項調查指出，得到更多報酬會使情況更加惡化，我們拿到越多報酬，就更加重視時間，而它感覺就更為稀少。已開發國家的有錢人比其他任何人都更是感覺時間不足。

在辦得到的時候，想使用具有潛在價值的時間去賺更多錢不算有罪。但我們需要意識到一些料想不到的影響，才能夠加以節制。就我們所知，稀有感可能引起焦慮感，這讓人不愉快，而想讓工作完成時，更可能適得其反。同時，過度承諾一天的工作量，我們也會因為把時間等同於高貨幣價值，因為大腦對我們施加的這個錯覺，讓自己感受到壓力。這並不表示獨自工作族不該高價值看待他們的時間，但要是一個龐大金額的工作讓你手心冒汗，或即使已行程滿檔，卻還是無法拒絕其他案子，這種錯覺就是部分原因。只要了解到我們的大腦以這種方式回應，就有助於抑止這種感覺。

另一方面，快樂專家尚恩・艾科爾的調查揭露十人中有九人，願意減少職業生涯的收入，儘管只是在理論上，願意減少職業生涯的收入，以從事他們認為有意義的工作，所以人性不是全然丟失。

這在現實生活中，對我們有何意義呢？找到內在動機意指透過學習、意見回饋及新技巧，積極尋找增加我們工作能力的方式。這意指確保我們透過工作建立了關係，或是我們的工作對他人有正面的影響。這也意味著圈定、重視及保護我們身為獨自工作族的自主權，而不是感覺被多重的潛在老闆及客戶扯裂。

這份數據還顯示了什麼？我們經常以錯誤的角度看待金錢。我們付出時間來得到金錢，但這件事真能帶來快樂長久的生活嗎？付出金錢來得到時間。（儘管你的確要達到一定的富有程度才可能做到這件事。）我們相信金錢能讓我們快樂，但由艾希莉．威蘭斯及其哈佛團隊針對逾十萬名成年人的相關縱向實驗性調查，則一再又一再顯示同樣的事：「人們願意放棄金錢來得到更多空閒時間，例如說，藉由減少工時或付費外包不喜歡的事務，以便體驗更令人滿意社交關係，更令人滿足的職業，以及更多快樂，整體來說，過著更加快樂的生活。」

我們說我們想要更多時間，但她的研究已經證實，我們絕對不擅長執行這件事。

金錢到底能不能買到快樂？不見得。有些學者主張如果花錢有道，像是用在經驗而不是東西上，那麼金錢就可以產生而不是買到快樂。從貧困轉移到擁有足夠的金錢的確不出所料會帶來幸福感的急遽提升，並隨著收入增加而延續。但是，在年收入四萬八到六萬英鎊（六萬美元到七萬五千美元），幸福感開始不再增加，不管賺再多錢也不會提升。實際數字因國家而異，收入低的國家的幸福天花板較低，但這種狀況在全球不斷出現。幸福天花板遠高於全國平均所得，英國平均所得是三萬英鎊，而大約四百萬英國納稅人一年賺超過五萬英鎊，所以這是相當能夠達成的低水平。我的意思是說，想要更加滿意自己所賺取的一切，用不著身為稀有的超級富豪。人們認為，幸福天花板的出現可能和伴隨高收入工作而來的額外壓力和憂慮有關，然而在樂透得主身上也曾見到（他們有時會落得悲慘下場），所以顯然還有其他原因，有人指出，這跟擁有大筆財富而可能出現的罪惡感和責任感，不無關係。

把時間看成金錢，也有始料未及的副作用。威蘭斯另一個研究顯示，表示重視自己時間勝於賺錢能力的學生，畢業一年後所回報的工作快樂程度明顯高於重視金錢的對照組。光是心態的轉換就能給予同樣的幸福感提升，有如獲得一年一千七百七十英鎊（兩千兩百美元）的加薪。這幾年來的家庭生活也迫使我以不同角度看待時間。我和史蒂夫很少買生日禮物送給對方，改以給予彼此時間：我們自己放假一天，做些像是拜訪朋友、去按摩等活動，這遠比一對耳環更有心理價值。

我們需要開始以看待我們賺錢能力的同樣方式看待我們的時間，事實上，不，我們需要開始把我們的時間看成比我們的賺錢能力重要，而我們的賺錢能力只有在能為我們換取時間時才有價值。

時間無法買到快樂，而是可以給予你快樂。

第17章 金錢問題（實質上）

即使收入不錯到非常不錯的獨自工作族，也幾乎肯定有過工作稀少，甚至存款稀少的時期，這些時期可能讓人驚慌而且不穩定。這一切都會使得住在哪裡或度假等重大財務決定，在進行規劃時遇上挑戰。但重要的是，記住另一處的青草未必會比較翠綠，傳統的固定薪水並不會保持財務穩定，許多雇員都可能遇上裁員。不少獨自工作者進行規劃時已建立財務緩衝，以協助因應工作青黃不接的時期，所以其實比一些雇員更加安穩。

追討工作款項也可能讓人覺得不快，如果你痛恨這件事，或許可以外包出去，盡快這麼做，有許多線上助理非常擅長處理這件事。和款項糾纏不休可能是個人工作中最削減精力的項目之一，尤其當有客戶非常久才付款，而專長追討遲付款項的人會比你更擅長此道，並且善於運用正確的法律術語來製作恰到好處的恐懼。此外，這在你和客戶之間建立一道屏障，意指你永遠不必親自對他們直接發脾氣。如果你追討者的手法惹毛他們，你可以道歉，說自己毫不知情。「哦，真抱歉！我會跟他們談談！」然後在款項終於入帳後，寫封電子郵件謝謝你的線上助理。

金錢對交往關係可能也很沉重，正如目前居住在德州的作家兼播客主艾歷斯．漢納弗德的回憶。「這是導致問題的最大敏感事物之一。」他告訴我：「在我的職業生涯中，有些時期柯特妮（他的妻子）可以每個月定期拿到支票。尤其當我們住在倫敦，物價比較昂貴時，她有時會問：『什麼時候你可以拿到……的款項？』然後我就會出現防衛心理，但同時也在想：『是呀，X該死地到底什麼時候才會付我錢？』」

「有一些研究顯示，如果事業長期不順利，就會外溢到事業主的生活伴侶身上。」猶特・史蒂芬教授對我說：「我認為這值得理解，當你的工作遇到財務困難，可能會對你的伴侶造成負面的連鎖效應。」當酬勞遲付問題沒有明顯的解決方案時，面對金錢憂慮可能造成的損害，我們在交往關係之中能做什麼來為自己辯解呢？「對它保持開放心胸，領會或許有一些共同對策需要完成。」她說。對伴侶隱藏財務重擔是一種危險的策略：這讓你精疲力竭，壓力也極大，而且揭穿之後，也會顯示你們之間缺乏信任和透明度。這是過度把自己和工作視為一體的另一個問題。如果可以區隔兩者，就比較容易告訴別人「事業」的財務狀況不順利，因為你不會覺得像是在坦承個人的缺失。

感受到金錢壓力似乎是個人工作生活的特點，即使是在有相當多錢的時候。克服這件事的方法之一是，尋找如小型企業的財務訓練。在某些地區，有些地方課程會免費提供這樣的培訓。如果你覺得沒時間，請這麼想：你目前浪費在模糊不具體的金錢憂慮上的精力，將快速超過參加短期課程所需要的時間和精力。如果它聽起來無聊或令人膽怯，你可能是在告訴自己你沒時間參加。但如果衡量一下所花時間和可能不再隨時擔憂金錢兩者，這聽起來難道不是相當划算的交易嗎？確切的幾個小時對上可能高達數百個小時的靈魂耗損及擔憂？（也有證據顯示，許多國家的自營工作者不知道現有的補助金或資金是要幫助他們創建或發展事業，還是要幫助他們在想要的時候招聘員工，英國政府最近一項方案僅達成預期獨自工作族接受者的百分之六，部分原因是他們對此完全不了解。）

我在本書開頭中說過，我不打算教你怎麼處理稅務，現在還是一樣。但仍有一件事情要說：你的總收入不能就算是你的收入。其中四分之一到三分之一或以上，是屬於你的政府，而且永遠不會真的屬於你。這種體制幾乎像是設計用來讓獨自工作族犯錯。當我成為自由工作者時所得到的一個關鍵建議就是，每收到一筆款項就拿出部分供日後繳稅（及應付政府其他任何可能的扣款），把這筆錢存入一個不做他用的銀行帳戶。收到稅單，才發現必須去工作賺錢來付清它，這是可怕又令人沮喪的事。為避免這種情形，我會使用一種試算表（可從 howtoworkalone.com 下載，這是我妹妹凱蒂所設計，她，真人真事，真的很喜歡用 Excel 的試算表），可以用它來算出要從每一筆收到的款項挪出多少錢。我拿出一個提成當稅款，另一個提成當存款，再另一個提成當退休金，然後再以剩下淨額過生活。我每一筆收入都會這麼安排，即使是只有幾百英鎊的款項，因為每一筆收入都得繳稅。這大約每週只需要用掉十五分鐘，而自從採用這個試算表，我從來沒遇到我無法應付的稅單。我也絕對不會挪用繳稅帳戶裡的錢。事實上，我的收入是進入同一個帳戶，等我分配好所有資金，就會把剩餘款項匯到另一個往來帳戶。如此一來，我從未動過直接使用總收入的念頭，我只使用淨收入。

這比較像是個人建議，並非獨自工作族專用，但我認為這有助於讓獨自工作族更有安全感：知道要付什麼錢，讓你得到極大的控制力，就比較不會亂花錢。多年來，我的銀行戶頭一直繞著零打轉，每個月的薪水都在填補已設定的透支額度（無息）。當我自願接受報社裁員，說真的，我拿到一筆幫助我改變狀況的和解金（Settlement），因為它付清了我的透支，讓我有了一些存款。即使如此，直到最近幾年，我才開始仔細留意銀行對帳單，現在我隨時都精確知道哪裡有多少錢，考慮到我過去提款時總是積極逃避查看螢幕上的餘額，這可說是非凡的轉變。有趣的是，儘管可支配所得比十年前少，但比起逃避查看餘額的當時，我現在憂心忡忡的時候則是少多了。

我使用 Monzo 銀行，真的很好用，因為它把你所有開銷分類：資金、雜貨、外食、娛樂、家庭、購物，諸此之類。（許多新的挑戰者銀行或 App 銀行提供了相似的預算分類，許多 App 記帳程式也一樣。）看到我一季的外食費用，真是讓人胃部翻騰的經驗，但光是知道我們從三明治到高級餐廳的一切開銷有多麼瘋狂，我們現在已藉此一年存下（真不敢相信我會這麼說）數千英鎊。再一次，擁有知識讓我們所有人得以改變，在這之前，我可能知道我花了太多錢，但因為不知道是多少，我就無法得到約束它所需要的意志力。加上因為意圖模糊（「停止花太多錢在外食上」）而不具體（「只有極特別場合才外食，藉此省下數千英鎊」），這就很容易忽略或變通，意味著會持續亂花錢和避看銀行餘額的行為。或許，就像為自己準備一頓好午餐、從工作中休息以及善待自己一樣，這有部分是在於信念和心態。我們每個人都必須達到這種境界，不只相信自己能夠掌控自己的金錢，而且我們也值得去掌控它。

如何訂出你的價碼？

不管是什麼領域，訂出價碼可能都算是一種地雷區，所以我請教了喬安・馬隆，她是英國最經驗老到的職業教練，協助自由工作者處理金錢等難纏課題達二十年，尋求她的建議可至joannemallon.com。

調查

馬隆說：「找幾個同業的友善盟友，參加職業協會或線上論壇，獨立專業人士這麼做並不少見。在合適的場合討論酬勞，但不要只是詢問，準備好也要分享你的價碼。有些企業也會在其網站標出價碼，或是如Bidvine等網站會給你一個某些產業的概括報價。」收集其他人開價的資料，然後根據你類似的經驗和技術程度來評估自己可能的價格。如有必要，請暗中進行，如果你不想直接詢問，就請朋友探問相似領域的人。不過，許多人會做好準備，準備相當公開討論他們的價碼，而我主張如果可以，大家對於我們的工作酬勞越透明越好。儘管顯然有些工作必須非常具體訂價（例如木作訂製），但社群媒體管理或校對等其他工作則稍稍較為標準化，酬勞落在既定的範圍內，通常按日計酬。

協商

這可能意指你想要要求多一點或多很多，尤其是對於重複的客戶，或隨著你的經驗和地位提升。「在協商時，避免當先開口說數字的那一方。」馬隆說：「你的潛在客戶總是有預算或心中有個數字，所以使用開放式問句來找出答案。可以問：『你心中的預算、費用、價碼是怎麼樣？』因為這假定他們心中已有數字。我喜歡用的一個說法是：『但願我們可以找出雙方都開心的價碼。』這表示你不是要敲詐他們，同樣地你也不想被他們敲詐。」

要有信心

相信你值得拿到好酬勞，有些人說這是擁有積極的金錢心態，這個觀念在網路上受到大量增加的追蹤。在其最純粹的形式，我認為它大體上是個好東西，但它可能（對我來說）令不自在地偏移到接近富裕和富足等觀念，而如同我們先前討論的，這已證實對獨自工作者是無益及不健康的動機。「值得去了解你自己的金錢問題，找出解決之道，這樣你就能充滿信心地協商。」馬隆說：「試著對著鏡子這麼說：『我的每日要價是一百萬英鎊。』

不斷重複，直到你不再大笑，並且開始相信它。然後，當真正報出你的確實價格，就會感覺像是絕對的小錢，你就可以充滿信心地要求。有太多人報價時，聽起來像在問問題，彷彿客戶在接濟他們。理想上，你會想用報手機號碼的平淡語氣來報價。」

預算

確認維持生計所需要的金錢，然後以此推算工作量。如果你賺不到維持生計的數目，就需要思考其他開源管道（不是信用卡或基於債務），以防無法滿足自己的基本生活開銷。有些費用計算網站建議直接除以生活開銷來算出開價，但馬隆並不認同。「值得弄懂你一個月或一年想賺多少錢，然後用這個數字來算出你需要工作多少有酬工時。記住，身為獨立工作者，你有些時間至少會用在行銷和建立商務，這無法按時計費。然而，客戶不會因為你想要或需要就付你費用，你的其他外出和客戶無關。他們支付你的價碼是因為相信你，相信你的工作和經驗，所以這是你和他們的對話中要強調的部分。」

拒絕

如果有人想要付你難以接受的低價碼，請說不。顯然，這在你的職業生涯一開始時較難做到，而此時可能值得對少數幾件低價工作說好，以便建立作品集並增加你的接觸對象。然而，留意規模大給錢低的客戶往往很知名，所以可能需要權衡此事和建立作品集的需求意願，你不會想要你的作品集給未來客戶一種可能經驗不足的感覺。馬隆認同：「面對給你不好感覺，或對其預算所能做到的事有不切實際期望的潛在客戶，永遠不必害怕轉身離去。」

收費

面對無償工作，上述建議同樣成立，除非它是僅限於實習、工作經驗或培訓的形式，否則我強烈勸你拒絕。把一個不付費的客戶改變成為付費客戶，幾乎是不可能的事；而且無償工作會使你無意中拉低同業行情。在我加入的一個臉書自由工作者社群中，很常見到新進自由作家貼文問說是否該接下無償工作。這些貼文就算沒有數百個，也會有數十個留言懇請貼文者不要接受，因為這樣會破壞整個產業的行情。

交換

只是，這對於交換方式倒是不成立。合法的技能交換是完全不同的一回事，而且在你需要超出自己技能範圍的特殊事物時，這尤其有用。交換也是因應朋友要求你免費做事等潛在棘手狀況的一個好方法，不對等的約定很有可能會出問題，但是交換的做法可以平衡雙方。話雖如此，「曝光」卻不算交換。一家英國小報曾提出以曝光機會，換取我免費替他們寫一千字的稿子；我當時已有十二年全職記者與編輯的經驗，老實說，這太無禮了。

開夠價格

與直覺相反，便宜不一定會拿到工作。開價過低有可能會嚇到客戶，認為你的經驗或技巧不足。比競爭對手的價碼稍低可能有利於你，但過於廉價可能避而遠之。「因為價碼便宜而雇用你的客戶，有朝一日會因為更便宜的來源而離開你，所以不要覺得放低價格就是答案。」馬隆證實。

如何開價

以小時或天數開價，還是按件計酬，是很具爭議的問題，而雙方都各有忠實的擁護者。（如果你是以一定價格販賣像是珠寶等產品的人，這顯然對你不適用。）兩種訂價方式各有缺點，所以不管選擇哪一種，要隨時間給予清楚評估，確認這是對你最適合的方式。按時或按日計價的缺點是，可能讓你顯得不值得這價格，尤其如果你的客戶本身完全沒學過你所開價的技能。例如你開價一小時一百或兩百英鎊，或是一天五百英鎊，有可能會真嚇到月薪淨得一千五百英鎊的人。那是因為他們忽略了你沒有酬勞的所有工作時間，這個價格實際上要分散到比他們所知還長的期間；也因為他們沒有想到你會有相關設備等開銷。而如果你工作效率就是比別人快，按時計費的方案也對你不利……儘管這也意味客戶未來比較可能再來找你。而其他優點還包括如果案子本身比剛開始看來還龐大，或是客戶不斷增加指示，你還是繼續計費當中。

按件計酬則相反：如果案子有隱藏的深度或模糊的指示，全包式費用可能會不夠。論件計酬的話，我報價會說我認為它會讓我付出多少（時間為主），然後加上百分之二十五的非強制費用，待案子狀況來討論，這讓客戶可以得到最新進度，也避免我無酬超時工作。無論如何，務必列出額外費用，像是出乎預期的修改，最初報價通常包括一、兩次修改，超過次數費用另計。如同書籍或雜誌編輯工作一樣，這在粉刷和裝潢工程也是如此。

不管選擇哪一種方式，也無論你是替壁爐貼瓷磚，還是重新設計網站，在展開工作前，把它全部寫下來，並加上清楚指示。如果客戶不願或無法給你指示，那麼就按照他們說過的喜好，加以理解後寫下你自己的指示，然後交給他們確認。這表示會有書面紀錄標示所有人的期望，讓你了解自己有沒有做錯。（或更可能的是，讓你了解他們是否有改變主意；是否有表達過他們非常想要的東西。）

如果你正在進行會持續好一陣子的案子，尤其如果它需要全時工作，而排除了其他工作，要求預付款或分期付款，每月一次甚至每星期一次，是可以接受的合理做法。這樣工作對你比較安全，因為這表示你的財務雞蛋不是放在同一個籃子，而且這還是一個幾個月後才會到達的籃子。想想這會發生什麼事，如果你接案的公司在六個月後倒閉，或是你三個月後開請款單，卻發現付款要九十天後，你和你的銀行帳號會是什麼感覺？

第18章

不工作的時候做什麼？

現在，你可能不會訝異看到本書這麼寫：我認為我們最大的目標應該是要創造一個擁有許多非工作時間的工作生活。我希望你擁有自己的成功版本，但我希望這同時還有一個美好的生活。每十名自由工作者就有一人去年一整年都沒有假期，而比較正面的說法是，每七人有一人的假期至少四十天，遠比大部分國家授權受雇員的二十一到二十八天還多。有趣的是，這個數據並未顯示收入對假期多寡的影響，你可能會預期收入較高者會覺得他們可以休息比較多天，但他們沒有。真正有影響的是年齡：三十四歲以下的自由工作者假期時間可能比較多。而同一研究也再一次顯示，從假期之中可以得到許多良好結果，像是改善關係並降低壓力。

做為獨自工作族，休假並不容易，我不太擅長要自己記得度假，而我去年都沉浸在度假的科學之中。不過，正如瑪格麗特・赫弗南所說：「如果你不訂出假日，你就不會去度假。而我也從尤其是音樂家的其他自由工作者得知，當你訂出假期，肯定幾乎立刻會得到假期期間的工作邀約。應該要為此命名：『假期破壞者』！但你必須堅持。」她堅定地對我說：「因為否則你就會好幾年不度假，最後精疲力竭。」

說真的，度假的科學（而不是一般的休息）有些難以理解。有些人似乎在度假前經歷了較多的壓力，或是、並且在終於度假時已有身體或心理崩壞的情況。一般來說，假期對長期健康有正面影響，而對短期的（二到四星期）整體健康快樂也有同樣影響，我認為這可以當成需要定期並有更多假期的理由。一些小型研究指出，假期過後的表現和工作滿意度可能會提升，也有一些證據顯示心智彈性也會增加。

對獨自工作族來說，無法完全脫離工作可能不是那麼重要，我真的認為比起受雇者請傳統特休時和工作的狀況（這已經夠困難的了），我們的狀況困難多了。只要我們覺得可以掌控在假期工作的時間和方式，而它又受到嚴格限制，那麼如果我們必須偶爾重新聯繫工作，可能就不重要。即便如此，並且忽略科學理論，我最近的假期過得真是幸福快樂，因為用不著去確認郵件。不過，並不總是可以這樣，尤其如果你所從事的產品有固定時程、有國際客戶或有眾多團隊，以史蒂夫來說，如果他在度假後的那星期有攝影工作，就需要提前幾天安排行程。但是，研究數據的確顯示，無意識地定期檢查郵件已開始危損假期所能提供的一切好處。

我們休假時該做什麼？（基於我已詳細敘述過關於休假和生產力、創造力、健康、快樂和幸福的所有證據，現在我假設你會休假。）最佳證據指出，我們需要混合各種事物。安靜的時間，讓我們的心靈可以漫遊（及思考）；一些身體放鬆和一些身體參與的活動。運動和休息。而我們的大腦也一樣，要運動和參與，只是要和工作無關。

還記得 Cubbitts 眼鏡的湯瑪斯．博洛頓和他的線上西洋棋嗎？這協助他度過極其艱難的創業過程的理由是，他從事了所謂的深層活動（deep play）。深層活動引人入勝、充滿技巧，並且令人滿足，這通常是因為它需要技巧，並帶有二元對立的結果，即勝或負，爬山與否；而且通常和玩家的過去有關聯。博洛頓小時候下過西洋棋，發現下棋所需要的專注力擠掉創業期間所感受到的焦慮。因為規則很明確，不像商務，而他無疑很擅長此道（當你贏棋就會繼續贏），這搔撓了他的內心深層，平衡了工作生活的不適。

他並不孤單，許多知名（及許多一點也不知名）的企業家都有符合深層活動的副業，這包括運動、攀岩和馬拉松等耐力挑戰。我的同事友人約翰．文森是擁有七十多家連鎖店的里昂餐廳共同創始人，也是《勝而不戰》（*Winning Not Fighting*）商業書籍作者，他的深層活動是詠春拳；商業奇才理查．布蘭森下西洋棋；比爾．蓋茲的撲克牌打得相當好，包括橋牌和戰牌。思科創辦人桑德拉．勒納顯然喜歡騎馬長矛比試，她會一身中古世紀打扮騎馬進行；時尚品牌創始人托麗．柏奇和時尚主編安娜．溫圖打網球（不一定一起打）；前美國國務卿康朵麗莎．萊斯打高爾夫；時尚設計師保羅．史密斯從小開始收集骨董自行車臨時印刷品，並夢想從事自行車職業生涯，直到發生嚴重撞車事故，他現今在七十三歲高齡仍積極騎自行車。

這不算新聞。「只工作不玩耍讓傑克變笨蛋」這個諺語最早出現在印刷品是在十七世紀，而它的存在歷史可能更加久遠。而今日，我們不只確實知道這件事，同時知道在我們生活中保留空間給豐富的不工作生活，也會讓我們的工作表現更好，及時做好工作，給我們可以返回自己的生活。

＊

工作的世界正在急遽改變，可能會感覺很難確切知道下一步要做什麼。但我們獨自工作者可以做的一件事是，了解工作時的我們，了解我們的個性、節奏和需求。然後，我們可以盡可能保護自己免於震撼、晃動及位移；並且學會如何建構一個適合我們獨特個人需求的工作生活。善待自己，你並不孤單。（請加入我，the_solo_collective 在 Instagram 等候。）

我們或許獨自工作，但在此相聚。

致謝

若是沒有史蒂夫・喬伊斯的鼓勵（以及這非常漫長六個月期間的耐心，和後來稍欠耐心的討論），我不確定自己一開始是否有足夠的勇氣單飛。不過，在我單飛旅程中還有其他許許多多的人支持我，直接或間接促成了這本書的誕生。

這包括我的父母戴維・西爾和希拉蕊・西爾、妹妹凱蒂・柯利特，他們聆聽我完成的每一件事並給予喝采，還要感謝潔西卡・霍普金斯、瑪麗安・霍奇金、艾爾琪・梅斯、卡美爾・金恩、夏洛特・史考特和喬恩・索恩。

同時要謝謝為我付出時間，提供智慧、引導及知識的布里吉德・舒爾特、安娜・布萊威爾、湯姆・莫林、亞當・葛蘭特、雅麗珊卓・達里斯庫、羅伯特・克洛普、湯瑪斯・博洛頓、尼古拉斯・霍柏、布蘭登・布切爾、伊斯特・坎諾尼克、賈基・賽克斯、丹恩・畢杜夫、伊爾克・印西格魯、安德魯・柏洛斯基、艾歷斯・漢納弗德、黛安・穆卡伊、英格麗・費特・李、艾瑪・莫利、鄭喜貞、維多利亞・摩爾、里維森・伍德、荻歐・貝迪亞哥、雅美莉亞・道納森、瑪格麗特・赫弗南、奈特・里奇、葛拉漢・蕭、索維卡・帕斯德、喬安・馬隆、凱倫・艾爾懷特、蘇珊・艾許福、尼克・布魯和猶特・史蒂芬。（當然，如有錯誤都是我自己一人的問題。）

感謝我的經紀人安東尼・塔賓斯的長久等候，謝謝他等待這個想法能夠成真，並且告知側寫圖書及紀念出版社的蕾貝嘉・葛雷。謝謝辛蒂・陳讓這一切確實可行，犧牲了休假（加上葛雷米・霍爾、雅里・納戴爾與側寫和紀念出版團隊許多人的協助），在我們了解到這本書可能比原先預期更快派上用場時，便讓它迅速問世。

最後要謝謝我的女兒艾拉和柯洛莉，她們恰到好處地容忍了我和史蒂夫做事時的奇怪和詭異風格，而且比任何人事物，都更讓我學會到生活遠遠不只有工作而已。

國家圖書館出版品預行編目資料

SOLO一個人工作聖經/蕾貝嘉．西爾 著；陳芙陽
譯. -- 初版. -- 臺北市：平安文化, 2021.10
面；公分. -- (平安叢書；第697種)(邁向成功；
084)
譯自：Solo: How to Work Alone (and Not Lose
Your Mind)

ISBN 978-986-5596-41-5 (平裝)

1. 職場成功法

494.35　　110014930

平安叢書第697種
邁向成功 084

SOLO一個人工作聖經

Solo: How to Work Alone (and Not Lose Your Mind)

作　　者一蕾貝嘉．西爾
譯　　者一陳芙陽
發 行 人一平　雲
出版發行一平安文化有限公司
　　　　　臺北市敦化北路120巷50號
　　　　　電話◎02-27168888
　　　　　郵撥帳號◎18420815號
　　　　　皇冠出版社(香港)有限公司
　　　　　香港銅鑼灣道180號百樂商業中心
　　　　　19字樓1903室
　　　　　電話◎2529-1778　傳真◎2527-0904
總 編 輯一龔橞甄
責任編輯一陳思宇
美術設計一倪旻鋒、李偉涵
著作完成日期一2020年
初版一刷日期一2021年10月

法律顧問一王惠光律師

讀者服務傳真專線◎02-27150507
電腦編號◎368084
ISBN◎ 978-986-5596-41-5
Printed in Taiwan
本書定價◎新臺幣360元/港幣120元